普通高等教育"十三五"规划教材

机械制图习题集

于春艳　陈　光　主编　　刘玉杰　李力强　副主编

程晓新　主审

化学工业出版社

·北京·

本习题集依据教育部高等学校工程图学教学指导委员会于 2010 年制定的《普通高等学校工程图学教学基本要求》，结合机械类各专业应用型人才培养的目标和要求，遵照"强化应用，培养画图和看图能力为教学重点"的原则编写而成。

本习题集与于春艳、陈光主编的《机械制图》教材配套使用。习题章节与教材的章节对应，内容紧扣教材，主要内容有：制图的基本知识和技能；正投影基础；基本体及表面交线的投影；轴测图；组合体；机件的表达方法；标准件与常用件；零件图；装配图；展开图与焊接图等。习题的选择本着由浅入深、循序渐进、逐步提高的原则，以基本题为主，从不同的角度训练学生的读图和绘图能力，培养学生空间思维能力和想象能力。专业图部分关注学科发展的新技术，密切结合工程实际，力求典型。

本教材可作为应用型本科院校各专业的工程制图课程教材（参考教学时数为 56～104 学时），也可作为民办本科、高职高专、各类成人教育学校等配套用书。

图书在版编目（CIP）数据

机械制图习题集/于春艳，陈光主编. —北京：化学
工业出版社，2017.12 （2023.8重印）
普通高等教育"十三五"规划教材
ISBN 978-7-122-31220-4

Ⅰ.①机… Ⅱ.①于… ②陈… Ⅲ.①机械制图-高
等学校-习题集 Ⅳ.①TH126-44

中国版本图书馆 CIP 数据核字（2017）第 314161 号

责任编辑：满悦芝 　　　　　　　　　　　　　文字编辑：王　琪
责任校对：吴　静 　　　　　　　　　　　　　装帧设计：关　飞

出版发行：化学工业出版社（北京市东城区青年湖南街 13 号　邮政编码 100011）
印　　装：三河市延风印装有限公司
787mm×1092mm　1/8　印张 25¼　字数 144 千字　2023 年 8 月北京第 1 版第 5 次印刷

购书咨询：010-64518888 　　　　　　　　　　售后服务：010-64518899
网　　址：http://www.cip.com.cn
凡购买本书，如有缺损质量问题，本社销售中心负责调换。

定　　价：48.00 元 　　　　　　　　　　　　　　　　版权所有　违者必究

前 言

本习题集依据教育部高等学校工程图学教学指导委员会于 2010 年制定的《普通高等学校工程图学教学基本要求》，结合机械类各专业应用型人才培养的目标和要求，遵照"强化应用，培养画图和看图能力为教学重点"的原则编写而成。

本习题集与于春艳、陈光主编的《机械制图》教材配套使用。本习题集设计精选的习题和作业，旨在与教材内容相匹配，训练和开发学生的空间想象能力和形象思维能力，掌握绘制和阅读机械图样的基本知识和基本技能，为后续课程的学习和培养学生的工程素质奠定基础。

本习题集有以下特点。

1. 注重基础性和实用性。习题的选择本着由浅入深、循序渐进、逐步提高的原则，选题尽量贴近工程实例，既突出重点，又层次分明，更加方便教学。

2. 注重多向思维训练。形式多样的习题有助于拓展和提高学生的多向思维能力和创新思维能力。

3. 章首附有填空题与选择题。为了帮助学生进行知识梳理，巩固教材中的知识，提高做题效率，除第 10 章外，在各章节前面均附有填空题和选择题。

4. 加强徒手绘图能力的培养。随着计算机图学的发展，对徒手作图的能力要求越来越高，习题集中对平面图形的绘制、三视图、轴测图、组合体、零件图等章节均附有徒手绘图练习。

5. 采用最新标准。习题集中所涉及的术语、定义和标准等，均采用最新版的国家标准《技术制图》和《机械制图》的相关内容，习题集中的图样体现标准化。

6. 附有阶段模拟试卷。为了及时了解和测试学生对课程知识的掌握情况，在习题集后附有不同阶段的模拟试卷。

考虑到各校对本课程的教学时数和教学内容的安排不完全一致，为了让教师有一定的选择余地，便于对不同程度的学生因材施教，本习题集所包含的习题和作业有适当的余量，在教学过程中，教师可按需取舍。若本习题集的顺序与教学顺序有不一致之处，教师可按教学顺序自行调整。

本习题集由于春艳、陈光任主编，刘玉杰、李力强任副主编，参加编写的还有吕苏华、田福润。具体分工如下：陈光编写第 1 章，李力强编写第 2、4 章，刘玉杰编写第 3、7 章，于春艳编写第 5、8 章及模拟试卷，田福润编写第 6、10 章，吕苏华编写第 9 章。

本习题集由长春工程学院程晓新主审，审稿人对本习题集初稿进行了详尽的审阅和修改，提出许多宝贵意见。在此，对他表示衷心感谢。

由于编者水平有限，选编的习题和作业难免存在不足之处，恳请使用本习题集的师生和读者批评指正。

编 者

2018 年 3 月

目 录

1-1　制图的基本知识和技能的填空、选择题

（1）填空题

① 图纸的幅面分为_____幅面和_____幅面两类。

② 图纸的基本幅面有_____、_____、_____、_____和_____五种。

③ 图纸格式分为_____和_____两种，按标题栏的方位又可将图纸格式分为_____和_____两种。

④ 标题栏位于图纸的_____，标题栏中的文字方向为_____。

⑤ 同一机件如用不同的比例画出，其图形大小_____，但图上标注的尺寸数值_____。

⑥ 比例是_____与_____相应要素的线性尺寸比，在画图时应尽量采用_____的比例，需要时也可采用放大或缩小的比例。

⑦ 常用比例有_____、_____和_____三种。

⑧ 1:2为_____比例，2:1为_____比例。无论采用哪种比例，图样上标注的应是机件的_____尺寸。

⑨ 汉字应用_____体书写，数字和字母应书写为_____体或_____体。

⑩ 字号是指字体的_____图样中常用字号有_____、_____、_____和_____四种。

⑪ 机械图样中，机件的可见轮廓线用_____画出，不可见轮廓线用_____画出，尺寸线和尺寸界线用_____画出，对称中心线和回转体轴线用_____画出。

⑫ 完整的尺寸包括_____、_____和尺寸数字三个基本要素。

⑬ 图样上的尺寸是零件的_____尺寸，尺寸以_____为单位时，不需标注代号或名称。

⑭ 尺寸标注中的符号：R表示_____，φ表示_____。

⑮ 尺寸数字一般写在尺寸线的_____。

⑯ 绘图板是用来固定_____，丁字尺是用来画_____。

⑰ 斜度是指_____对_____的倾斜程度。

⑱ 标注锥度时符号的锥度方向应与所标锥度方向_____。

⑲ 平面图形中的线段有_____、_____和_____三种。

⑳ 平面图形中的尺寸按其作用可分为_____和_____两类。

（2）选择题

① 下列符号中表示强制国家标准的是（　　　）。

A. GB/T　　　　　　　　B. GB/Z　　　　　　　　C. GB

② 我国的《机械制图》和《技术制图》的国家标准，全部是（　　　）。

A. 推荐性国家标准　　　B. 强制性国家标准　　　C. 指导性国家标准

③ 标题栏位于图纸的（　　　）。

A. 左下角　　　　　　　B. 右下角　　　　　　　C. 右上角

④ 字体的（　　　）代表字体的号数。

A. 宽度　　　　　　　　B. 斜度　　　　　　　　C. 高度

⑤ 不可见轮廓线采用（　　　）来绘制。

A. 粗实线　　　　　　　B. 虚线　　　　　　　　C. 细实线

⑥ 下列比例当中表示放大比例的是（　　　）。

A. 1:1　　　　　　　　B. 2:1　　　　　　　　C. 1:2

⑦ 机械图中一般不标注单位，默认单位是（　　　）。

A. mm　　　　　　　　B. cm　　　　　　　　C. m

⑧ 图样上的对称中心线用（　　　）绘制。

A. 虚线　　　　　　　　B. 细实线　　　　　　　C. 点画线

⑨ 一圆柱体的半径尺寸为30mm，其尺寸标注应为（　　　）。

A. R30　　　　　　　　B. φ60　　　　　　　　C. SR30

⑩ 在平面图形中确定几何元素相对位置的点、线、面称为（　　　）。

A. 尺寸基准　　　　　　B. 尺寸定形　　　　　　C. 尺寸定位

1-2　制图国家标准的基本规定——字体练习

（1）书写长仿宋体字。

机械制图比例材料数量校对审核班

级学号标注技术要求零件装配螺纹

栓 钉 柱 母 垫 圈 弹 簧 键 销 滚 动 轴 承 齿

轮 粗 糙 度 热 处 理 渗 碳 调 质 倒 角 锪 平

（2）书写数字和字母。

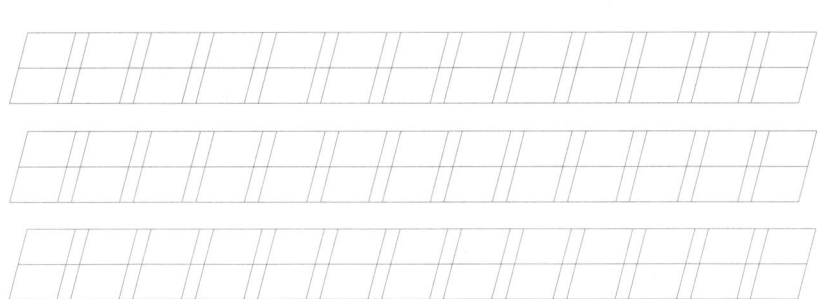

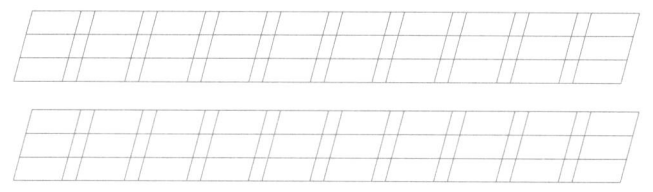

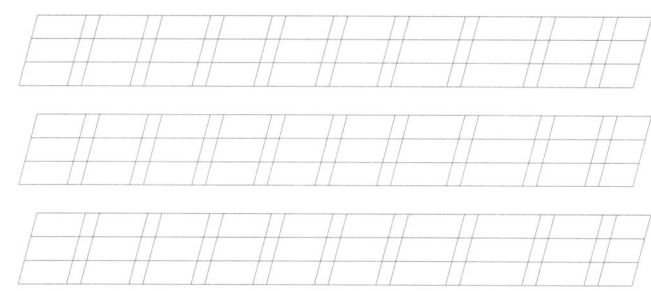

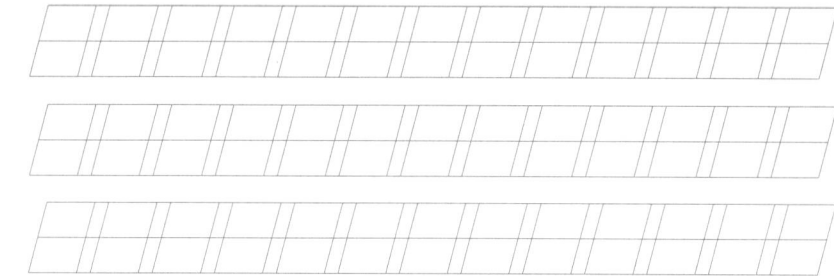

1-3　按国家标准图线的规定画法，1∶1 比例抄画下面图形

1-4　按国家标准标注尺寸，数值按 1∶1 从图中取整量出

（1）线性尺寸。

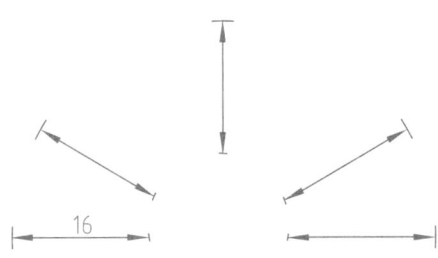

（2）角度尺寸。

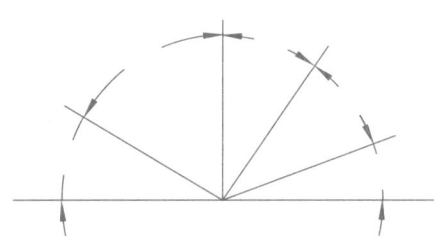

（3）直径。

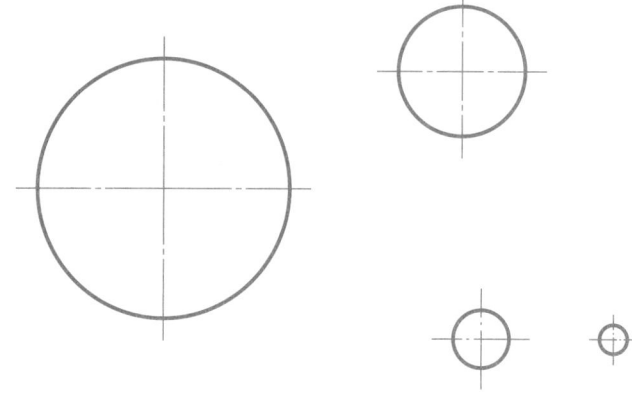

（4）半径。

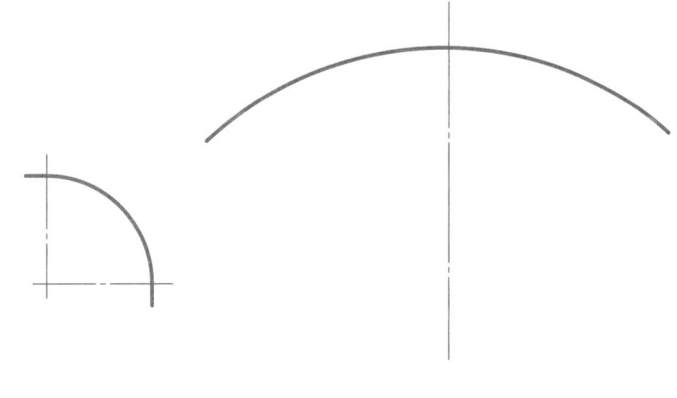

（5）几何图形。

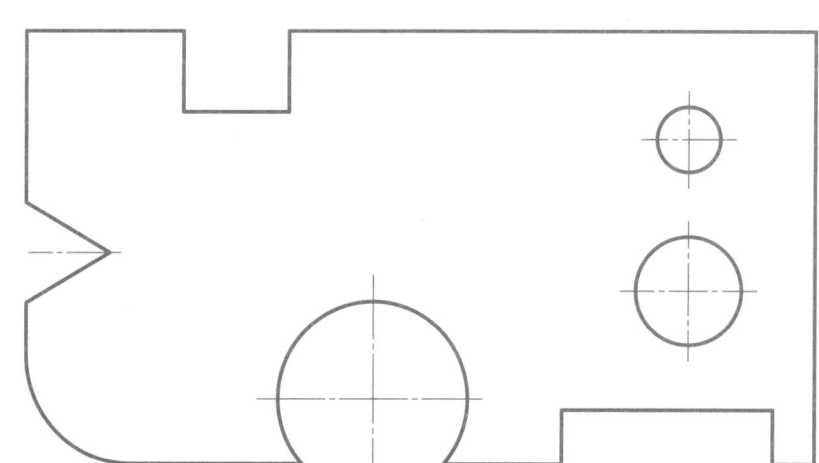

1-5　几何作图

（1）用圆（分）规作内接正五边形。

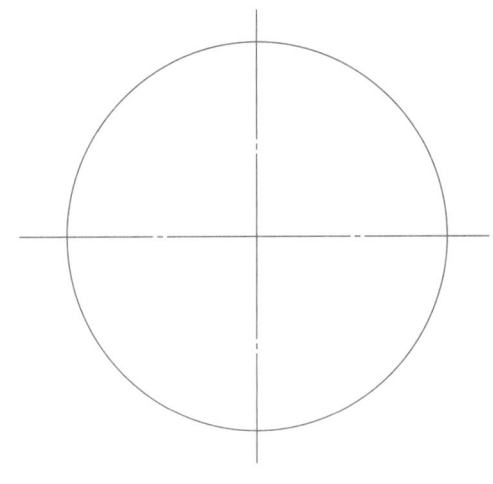

（2）用圆（分）规作内接正六边形。

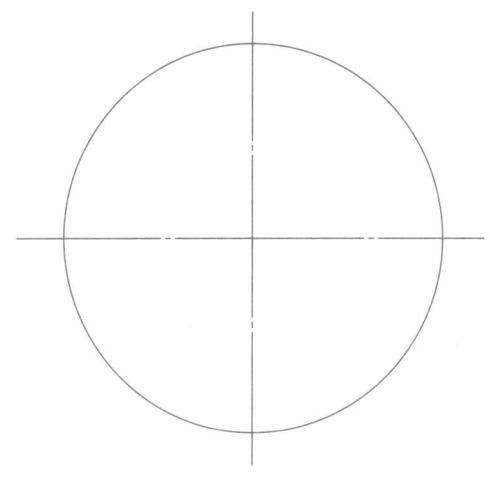

（3）用圆（分）规作内接正七边形。

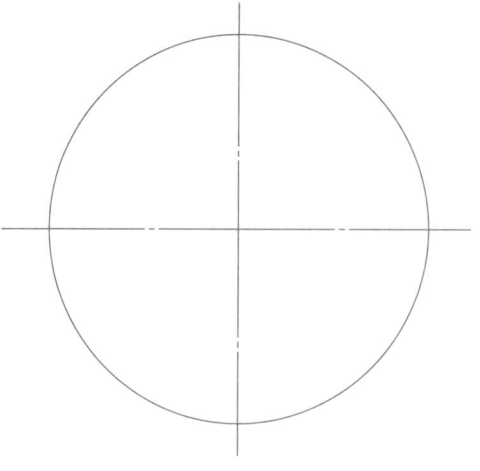

（4）按图样给定尺寸，在指定位置用 1∶1 比例完成图样绘制。

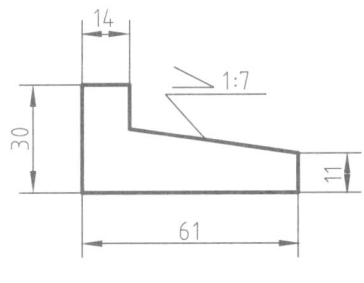

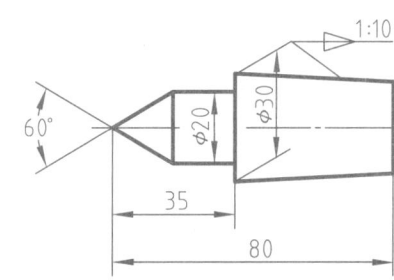

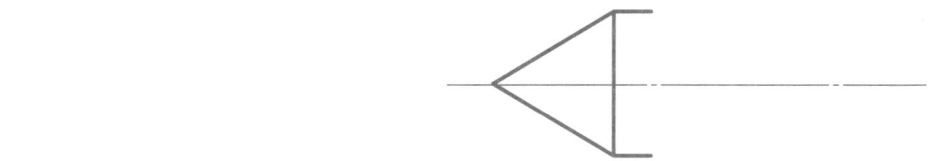

（5）参照图样，在指定位置用 1∶1 的比例完成圆弧连接的图形。

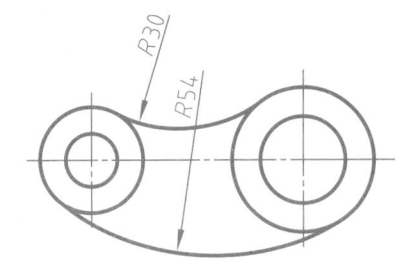

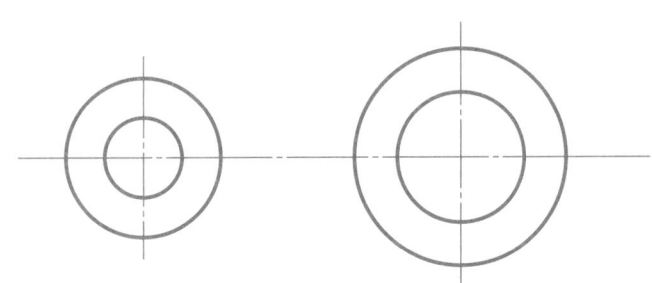

（6）参照图样，在指定位置用 1∶1 的比例完成手柄的图形。

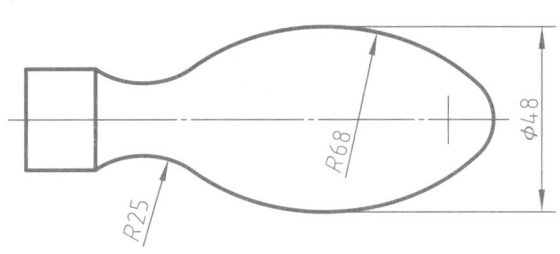

（7）在右侧指定位置抄画下图，图标注尺寸直接从图中量取。

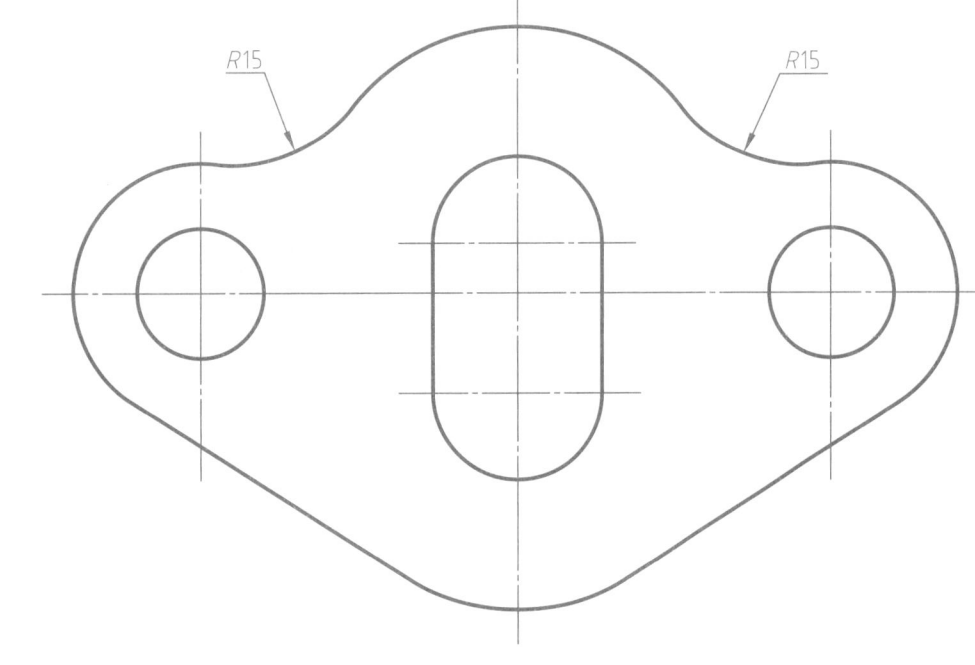

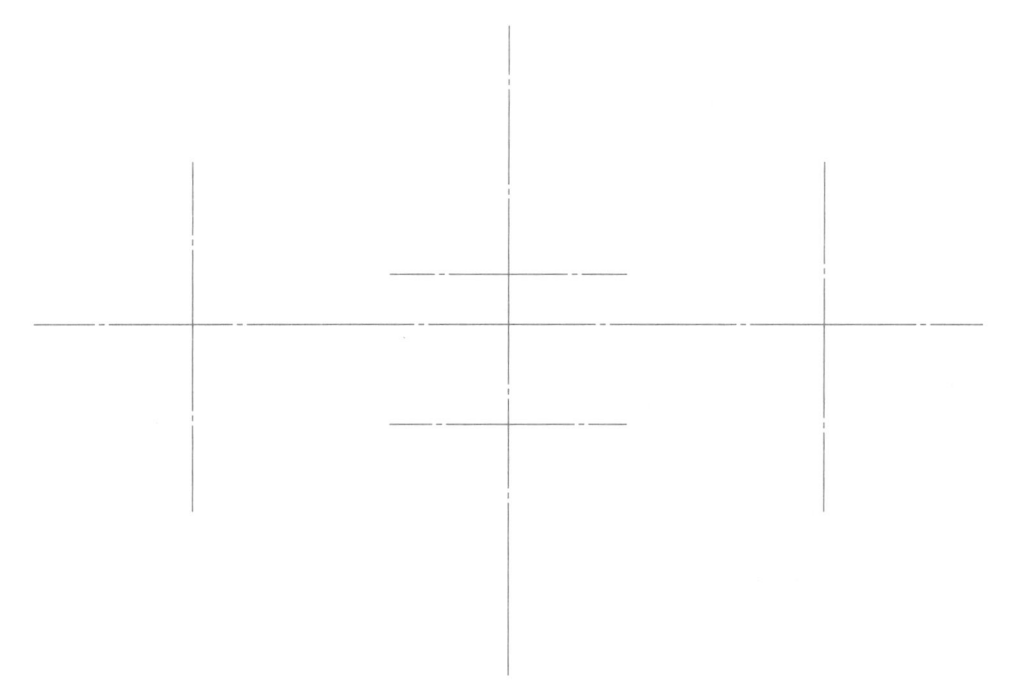

1-6　平面图形的分析及画法

（1）作业内容

绘制平面图形并标注尺寸。

（2）作业目的及要求

① 熟悉有关图幅、图线、字体、尺寸标注、标题栏等国家标准。

② 熟悉平面图形的尺寸分析过程，掌握圆弧连接的作图原理与方法。

③ 通过作图练习，初步掌握绘图工具和仪器的使用方法，培养手工绘图的基本技能。

④ 在工作中要严格遵守国家标准《技术制图》与《机械制图》的有关规定，图中的同类型图线粗细要一致，段长要一致，字体工整，汉字要写成长仿宋体。

⑤ 仪器、工具的使用方法要正确，量取尺寸要精确。

⑥ 对圆弧连接图形应先进行尺寸与线段分析，然后确定画图顺序，作图时要准确找到圆心和切点，连接点处的图线应光滑过渡。

⑦ 尺寸标注要正确，要求箭头大小一致，尺寸数字一般用 3.5 号字。

（3）作业时数

约 4 学时。

（4）图名

几何作图。

（5）作业指示

① 选用 A3 图幅，横放，摆正后用胶带固定在图板上（一般放在图板的偏左下方）。

② 画图幅，图框的底稿线（图框按装订格式绘制）在右下角靠齐图框线画标题栏。

③ 布图，根据图中给定的尺寸确定图形的位置，画基准线、定位线。

④ 根据尺寸按 1∶1 画底稿，底稿要画得轻、细、准。对于曲线连接部分，应先画已知线段，再画中间线段，后画连接线段。

⑤ 底稿画完后，经检查无误，用相应的铅笔或铅芯描深图线（先描圆弧，后描直线）。

⑥ 抄注图中的全部尺寸。

⑦ 填写标题栏，图样名称填"几何作图"，比例填"1∶1"，图样代号填"01-00"，其余各项在老师的指导下填写。

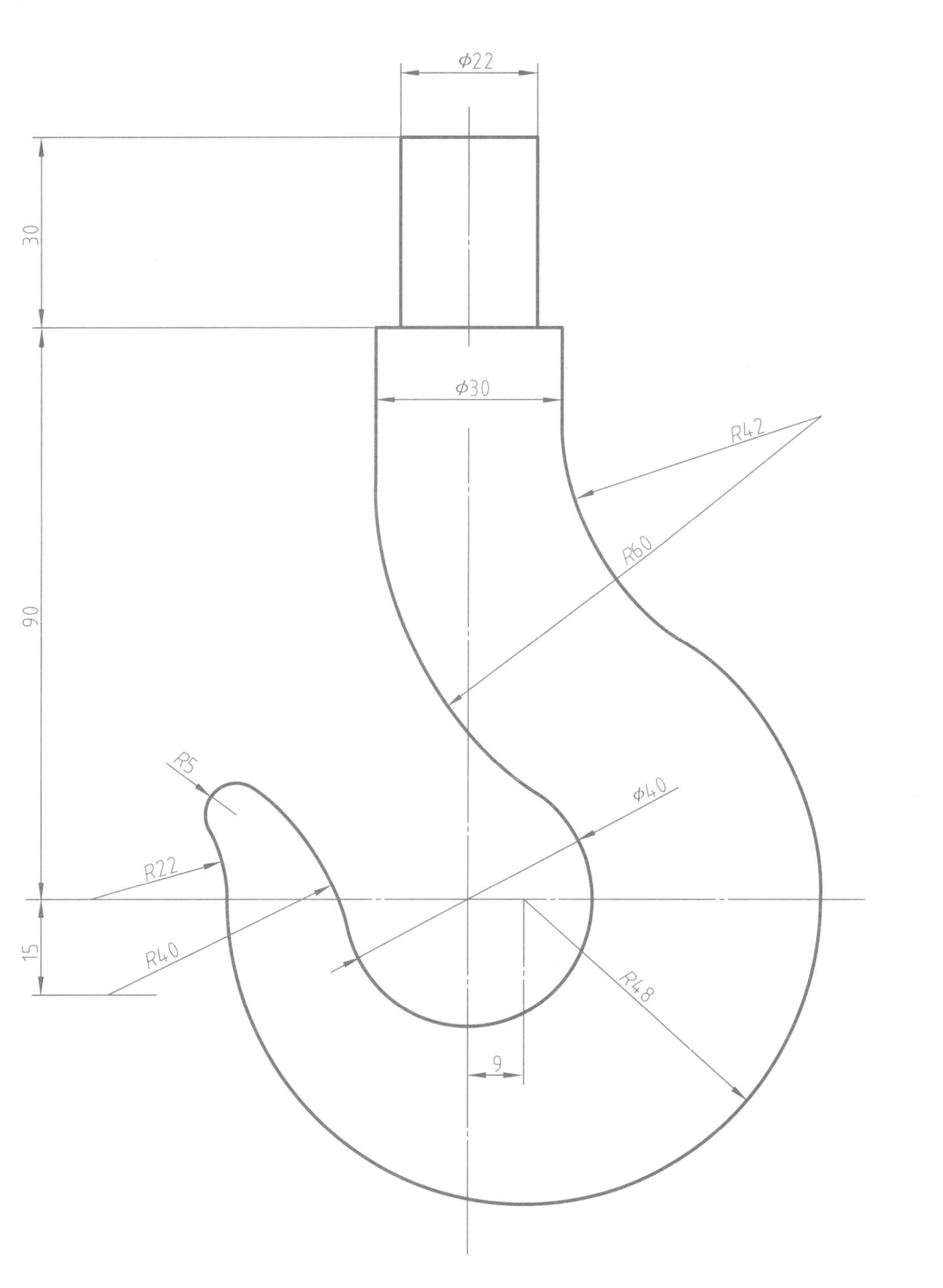

1-7　徒手绘制平面图形

（1）　　　　　　　　　　　　　　　　　　　　　　　　　　　　（2）

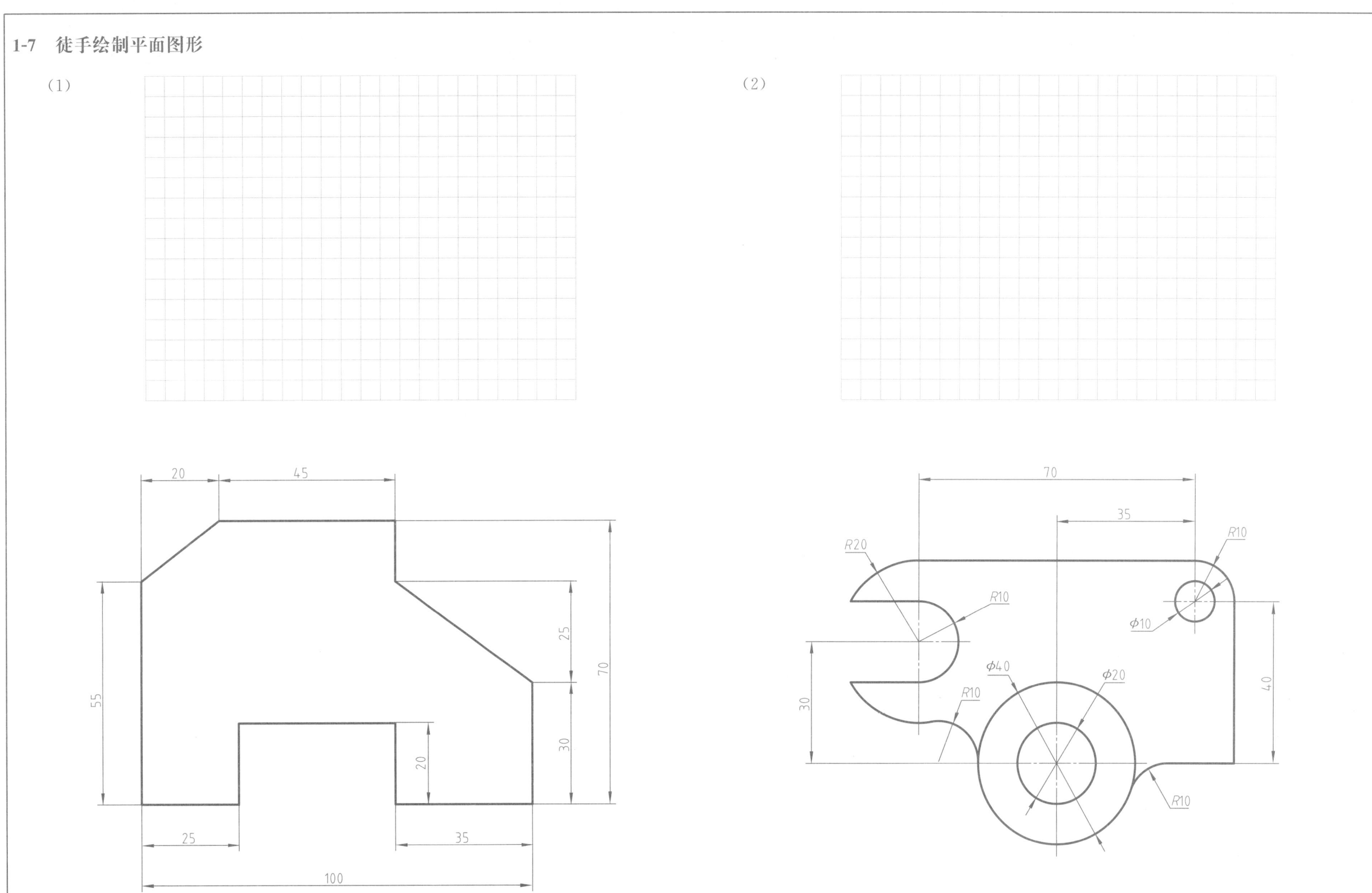

2-1　正投影基础的填空、选择题

（1）填空题

① 投影法分为＿＿＿＿投影法和＿＿＿＿投影法。三视图是采用＿＿＿＿投影法中的＿＿＿＿绘制的。

② 当投射线互相＿＿＿＿，并与投影面＿＿＿＿时，得到物体的投影称为正投影。

③ 一个投影不能确定物体形状，在工程上通常采用＿＿＿＿投影。

④ 正投影的投影特性有＿＿＿＿、＿＿＿＿和＿＿＿＿。

⑤ 三视图之间的投影规律是：主视图与俯视图＿＿＿＿；主视图与左视图＿＿＿＿；俯视图与左视图＿＿＿＿。

⑥ 在三视图中，主视图的位置确定后，俯视图画在主视图的＿＿＿＿，左视图画在主视图的＿＿＿＿。

⑦ 在绘制三视图时，形体可见的轮廓线用＿＿＿＿线表示，不可见的轮廓线用＿＿＿＿表示，对称中心线用＿＿＿＿表示。

⑧ 在三面投影体系中，若点有一个坐标为零，则点在＿＿＿＿上，若点有两个坐标为零，则点在＿＿＿＿上，若点三个坐标均不为零，则点为＿＿＿＿。

⑨ 已知点在 V 面上，则点的水平投影在＿＿＿＿投影轴上。

⑩ 从投影图上比较空间两点相对位置的方法是：判断左右看＿＿＿＿坐标，坐标值大在＿＿＿＿，坐标值小在＿＿＿＿；判断前后看＿＿＿＿坐标，坐标值大在＿＿＿＿，坐标值小在＿＿＿＿；判断上下看＿＿＿＿坐标，坐标值大在＿＿＿＿，坐标值小在＿＿＿＿。

⑪ 直线按其对投影面的相对位置不同，可分为＿＿＿＿、＿＿＿＿、＿＿＿＿三种。

⑫ 正平线正面投影＿＿＿＿，水平、侧面投影＿＿＿＿相应的投影轴。

⑬ 当直线垂直于投影面时，其投影为一点，这种性质称为＿＿＿＿。

⑭ 点在直线上，点的投影必在直线的＿＿＿＿投影上。

⑮ 空间两条直线的位置关系有＿＿＿＿、＿＿＿＿、＿＿＿＿三种。

⑯ 与一个投影面平行，且垂直另外两个投影面的平面称为＿＿＿＿。

⑰ 正垂面在 V 面上的投影为＿＿＿＿，在 H 和 W 面上的投影均为＿＿＿＿。

⑱ 点在平面上的几何条件是＿＿＿＿。

（2）选择题

① 按投影法的分类，绘制三视图采用的是（　　）。
A. 中心投影　　　　B. 正投影　　　　C. 斜投影

② 在三视图中，主视图反映物体的（　　）。
A. 长和宽　　　　B. 宽和高　　　　C. 长和高

③ 在工程图样中，回转体轴线、形体对称中心线采用（　　）表示。
A. 虚线　　　　B. 粗点画线　　　　C. 细点画线

④ 点的 Z 坐标，等于点到（　　）的距离。
A. H 面　　　　B. V 面　　　　C. W 面

⑤ 两点的相对位置，可根据 X 坐标判断其（　　）。
A. 上下关系　　　　B. 左右关系　　　　C. 前后关系

⑥ 某直线的正面投影反映实长，水平、侧面投影均平行投影轴，则该直线为（　　）。
A. 正平线　　　　B. 水平线　　　　C. 侧平线

⑦ 当一条直线垂直于一个投影面时，必（　　）于另外两个投影面。
A. 平行　　　　B. 垂直　　　　C. 倾斜

⑧ 在空间相互平行的线段，在同一投影面中的投影（　　）。
A. 相互平行　　　　B. 不一定平行　　　　C. 不平行

⑨ 已知平面的一个投影反映平面实形，则其另外两个投影为（　　）。
A. 类似形　　　　B. 相似形　　　　C. 直线段

⑩ 直线在平面上的条件是直线通过平面上的两个点或平行于平面内的（　　）。
A. 两条直线　　　　B. 一条直线　　　　C. 水平线

2-2　根据立体图找出相对应的三视图，在圆圈内填上相应的编号

2-3　根据立体图和两视图补画第三视图

（1）

（2）

（3）

（4）

（5）

（6）

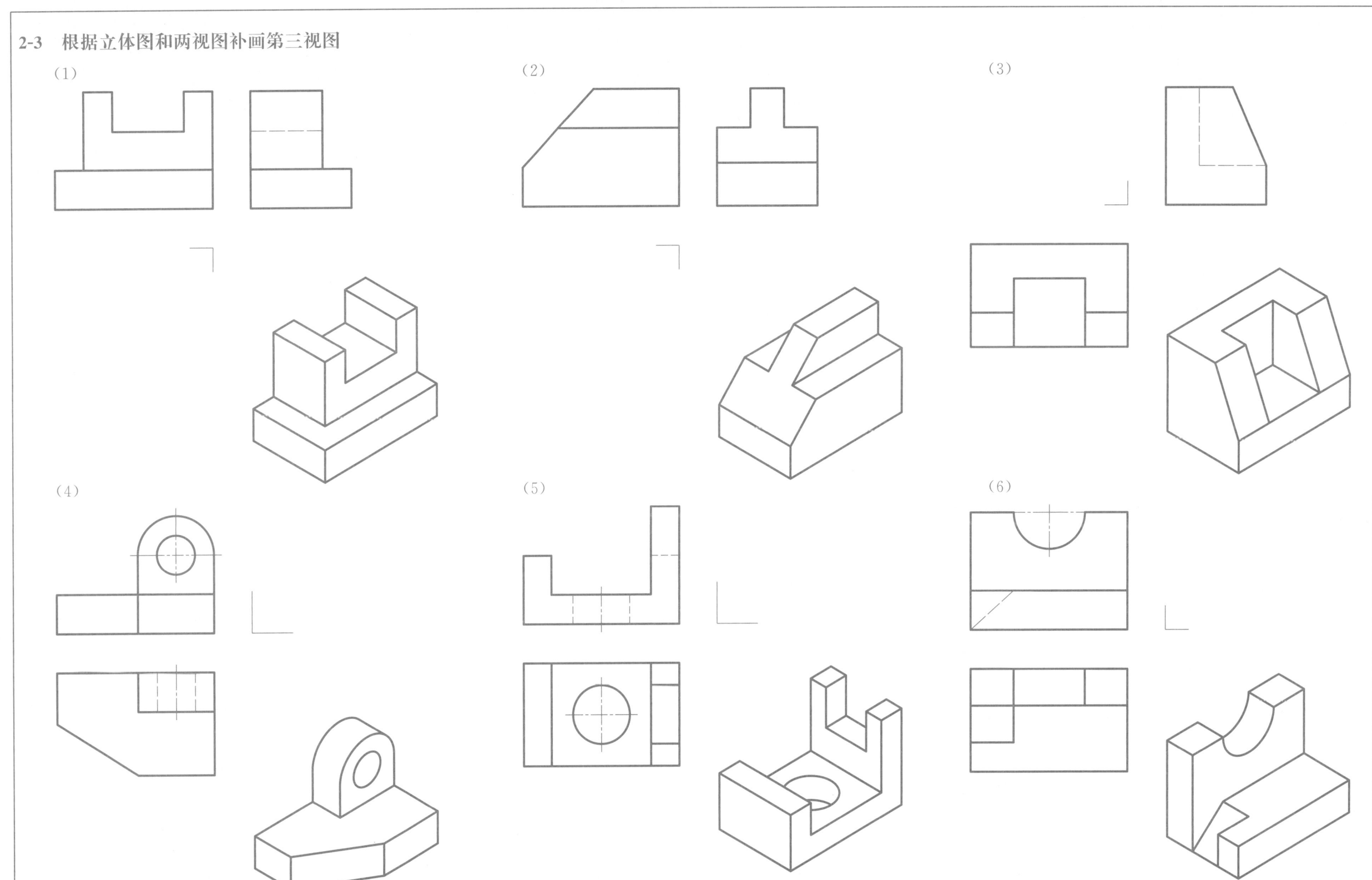

2-4　根据立体图，徒手画三视图

（1）
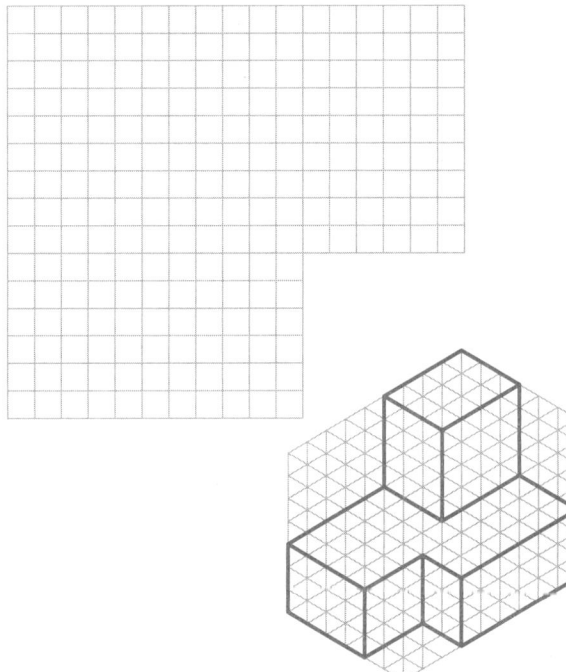

（2）
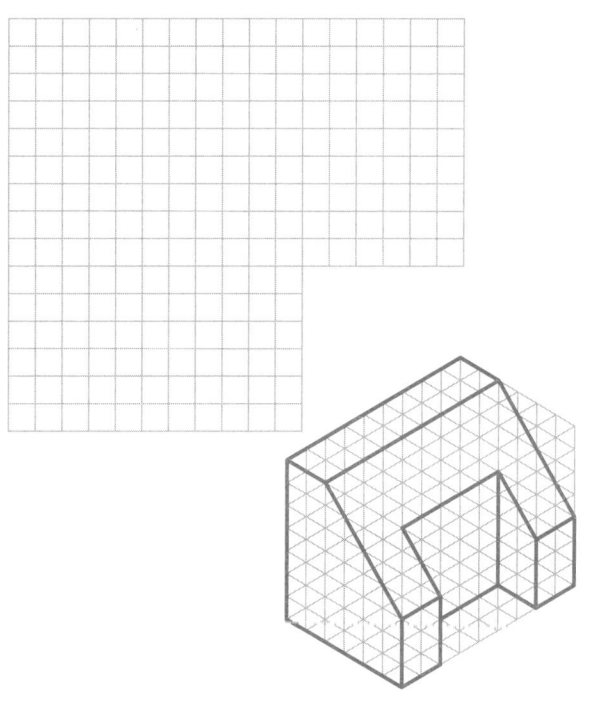

（3）
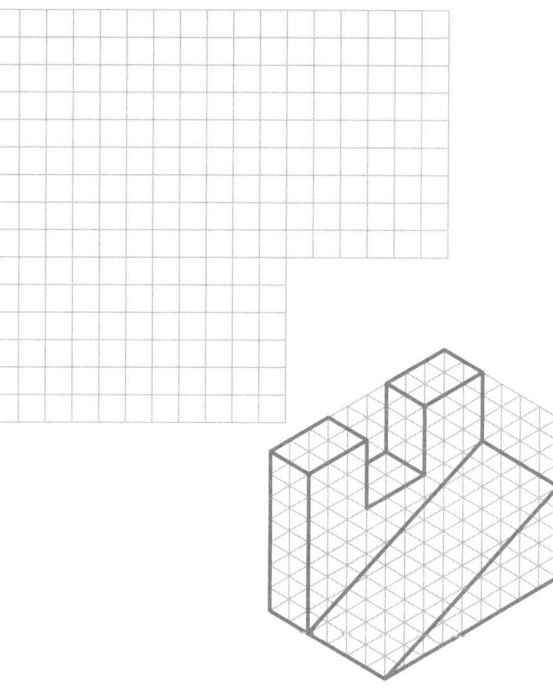

（4）
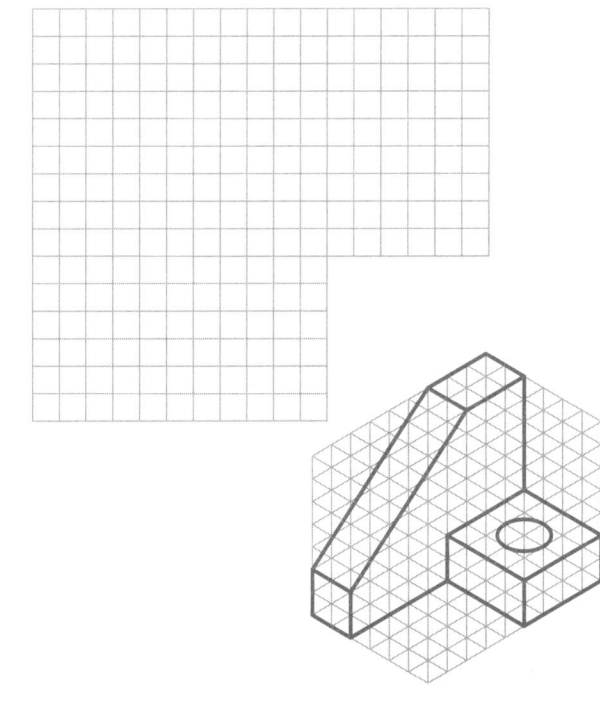

（5）
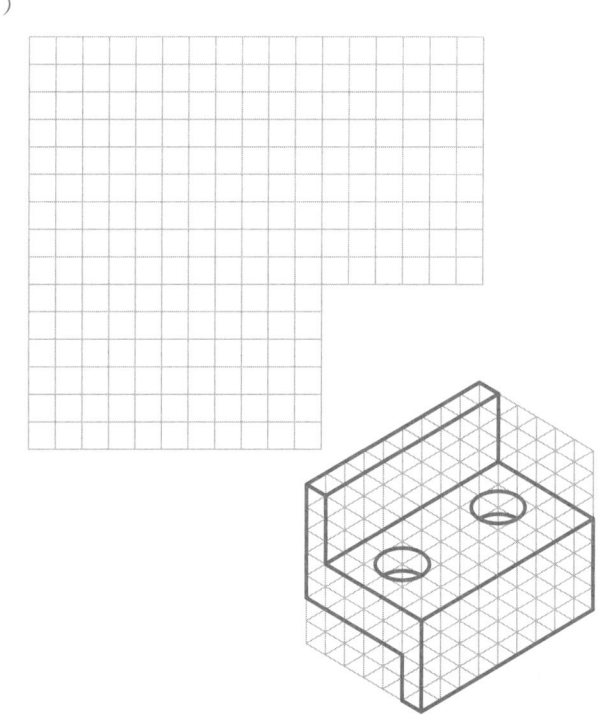

（6）

2-5　根据所给条件作点的投影

（1）根据立体图画点的投影图（尺寸 1∶1 从图中量取）。

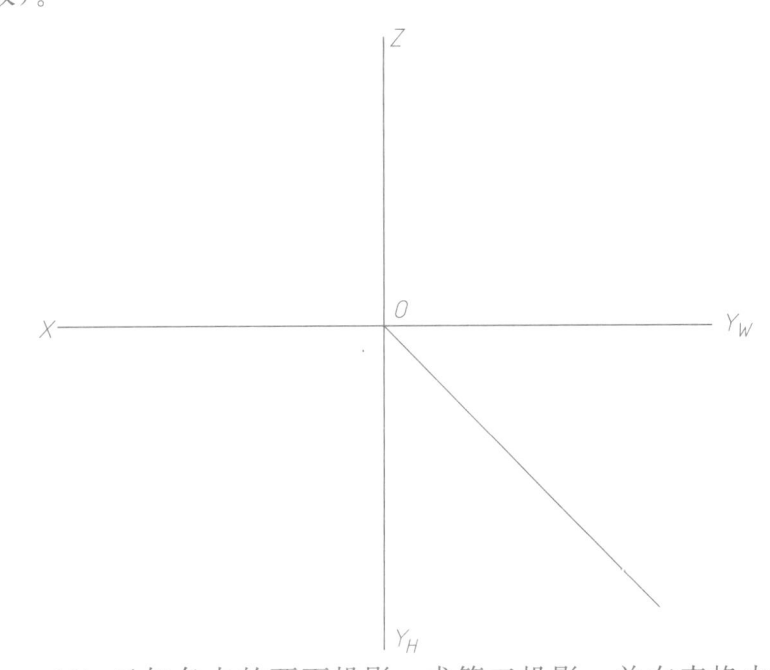

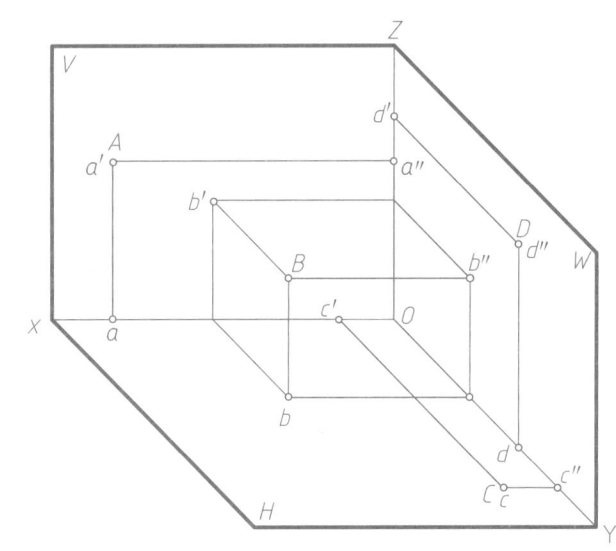

（2）已知点 E（10，20，15），点 F 在 V 面上，且距 H 面 30，距 W 面 25，点 G 在 Y 轴上，距原点 35，完成各点的三面投影。

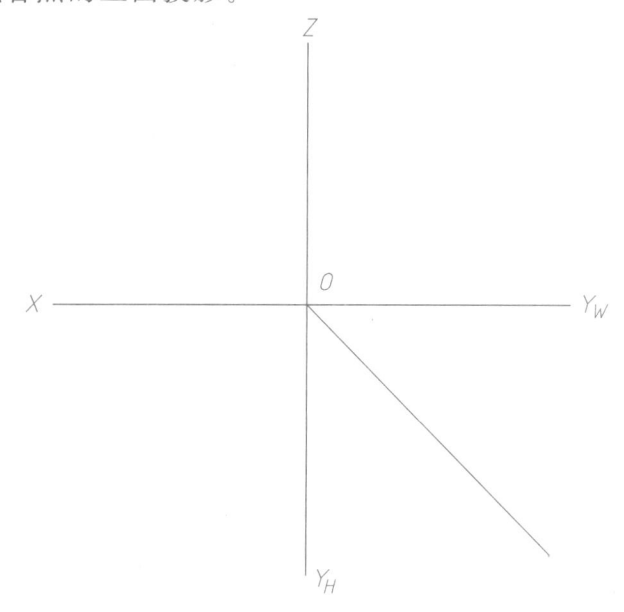

（3）已知各点的两面投影，求第三投影，并在表格内填写出点的位置（如空间点、哪个投影面上的点、哪条投影轴上的点等）。

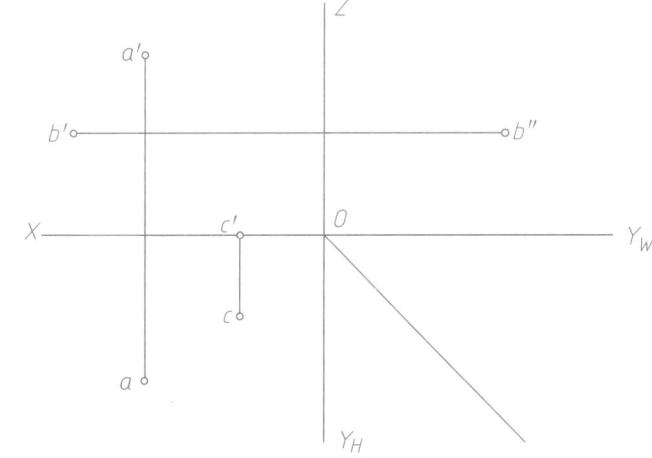

点	空间位置	点	空间位置
A		C	
B		D	

（4）根据点的两面投影求作第三投影，并比较各点的相对位置。

点 B、C 和点 A 比较	B	C
在 A 点的上下		
在 A 点的前后		
在 A 点的左右		

（5）已知点 B 在点 A 下方 10，前方 15，点 C 在点 B 正右方 10，点 D 在点 A 的正上方 15，完成各点三面投影面，并判别重影点的可见性。

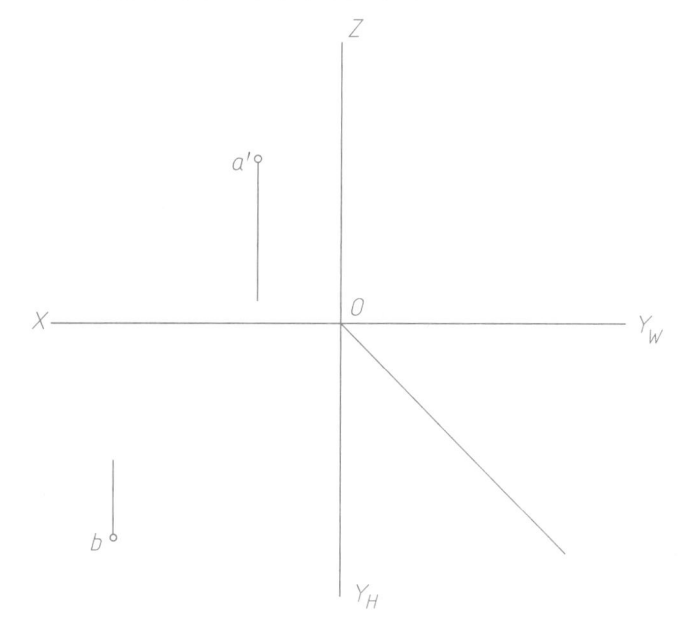

2-6　根据直线的两面投影补画第三投影，并判断直线与投影面的相对位置

（1）
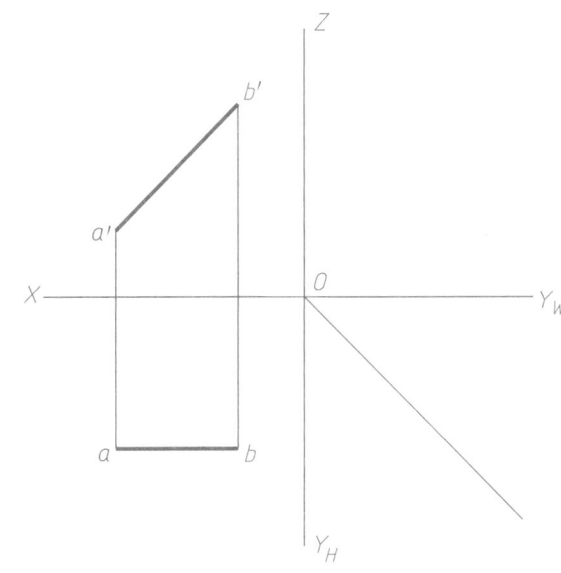
_____线

（2）
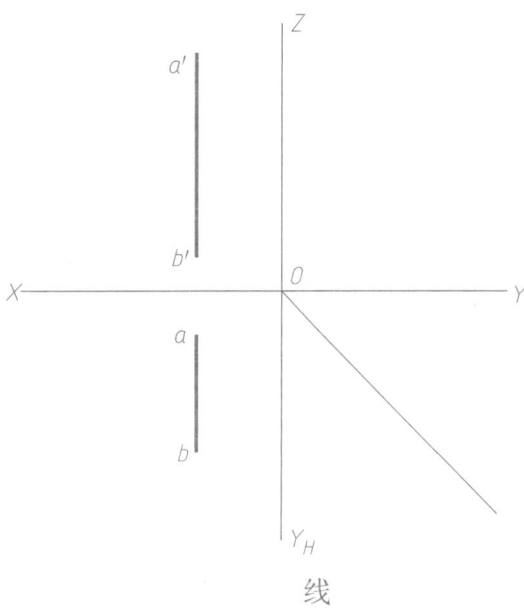
_____线

（3）
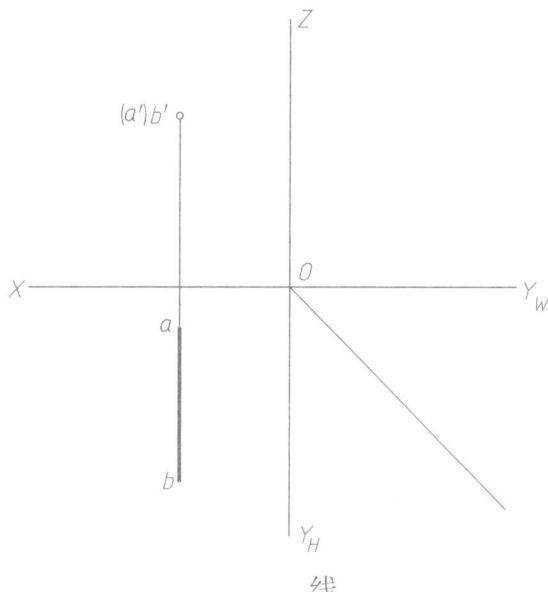
_____线

（4）
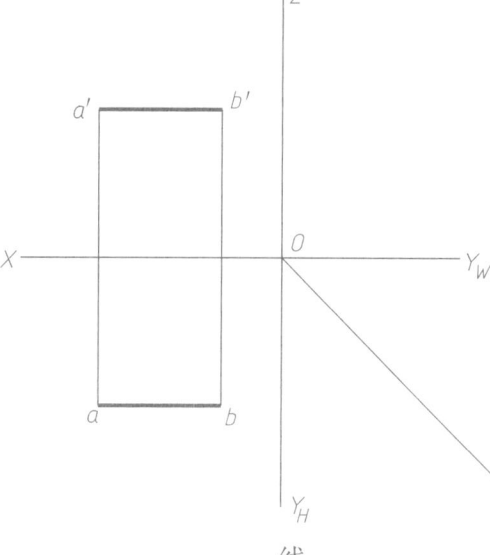
_____线

（5）
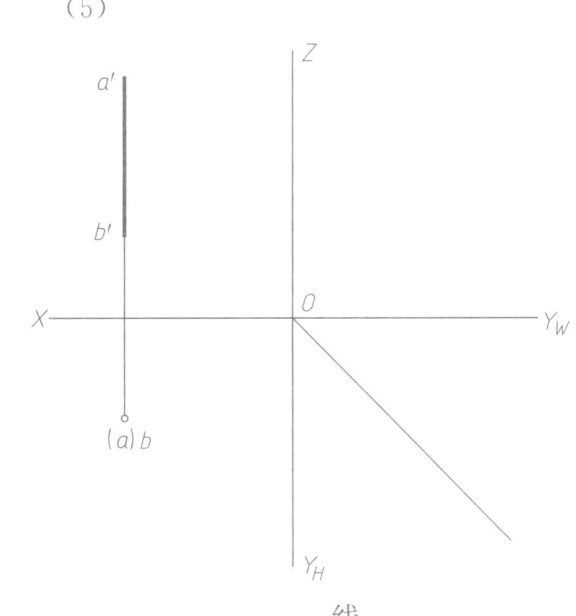
_____线

（6）
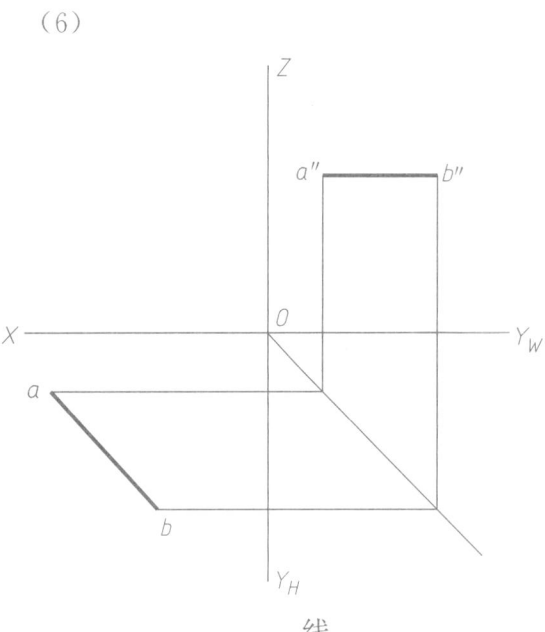
_____线

（7）
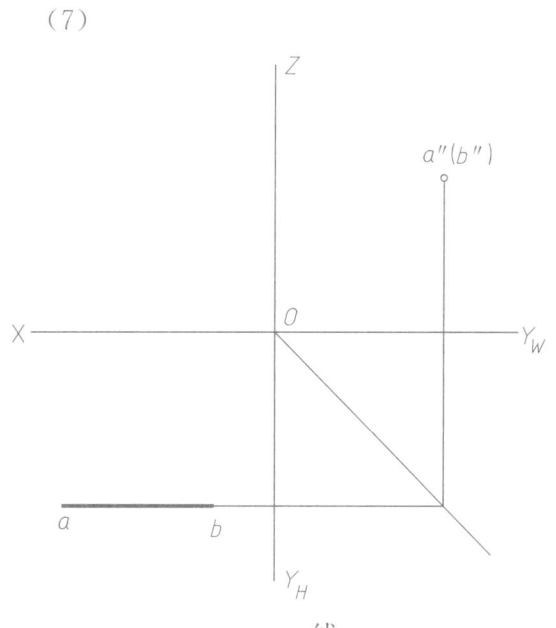
_____线

（8）
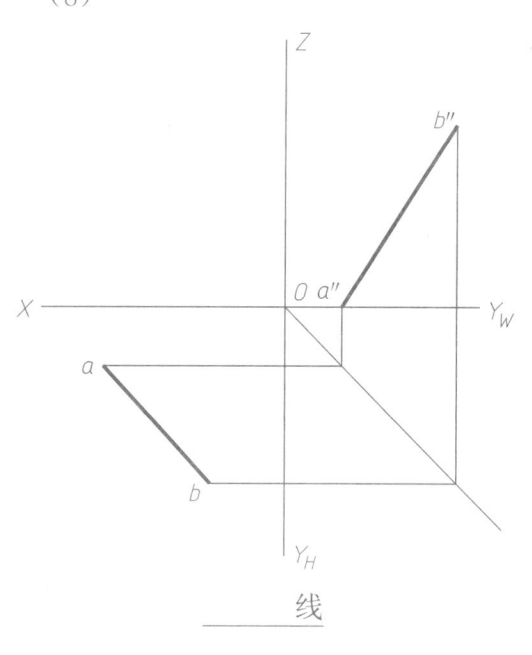
_____线

2-7　根据所给条件作直线的投影

（1）已知直线 AB 的端点 B 在 V 面上，画出直线 AB 的水平投影和侧面投影。

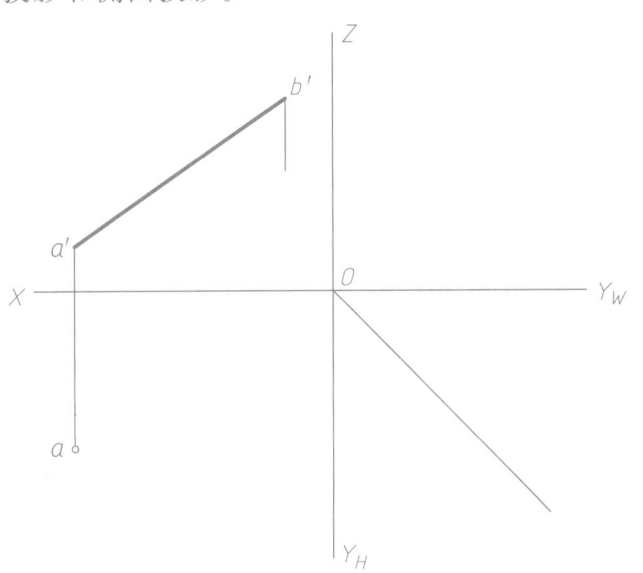

（2）作水平线 AB，实长为 25，对 V 面倾角 $\beta=30°$，已知端点 B 在端点 A 的右前方。

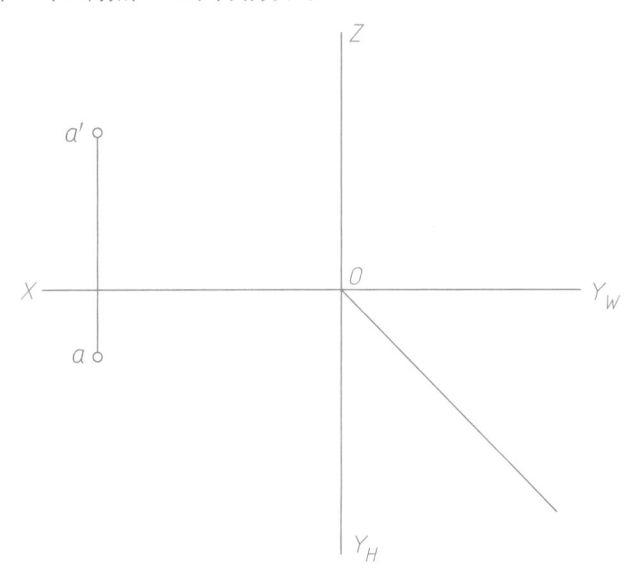

（3）已知正平线 AB 的正面投影 a'b' 和水平线 AC 的水平投影 ac，完成直线 AB、AC 的三面投影，并标出线段实长。

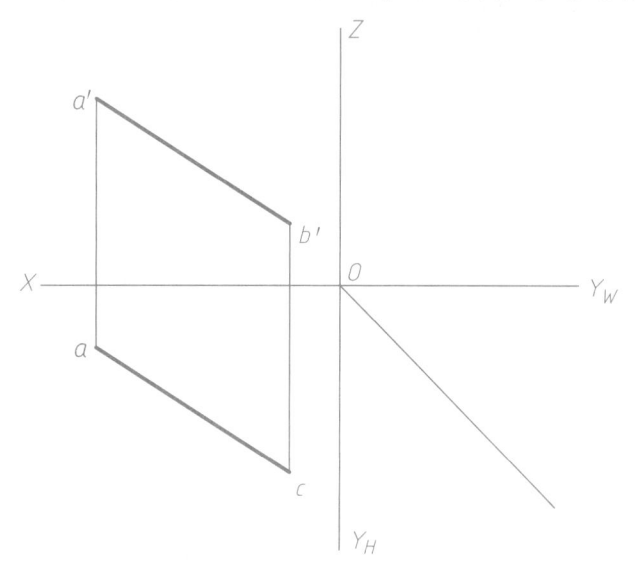

2-8　直线上的点

（1）判断点、直线从属关系，在括号内填写"在"或"不在"。

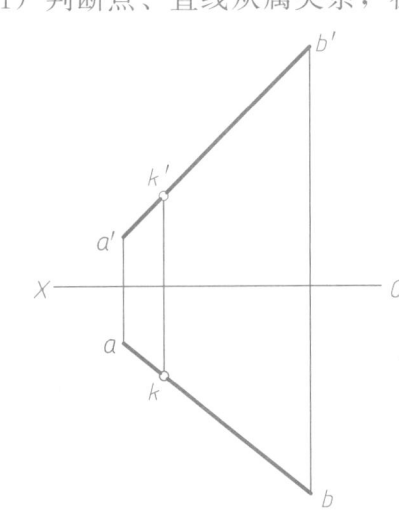

点 K（　　）直线 AB 上。

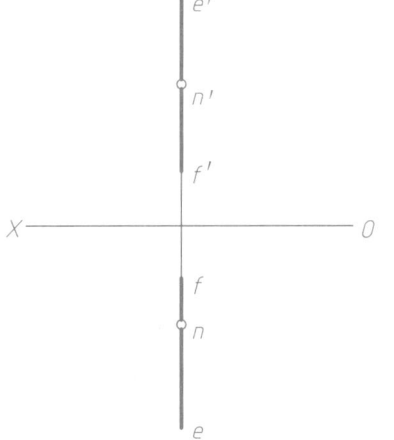

点 M（　　）直线 CD 上。　　点 N（　　）直线 EF 上。

（2）已知点 K 在直线 AB 上，完成直线的正面投影和侧面投影，并画出点 K 的水平投影和侧面投影。

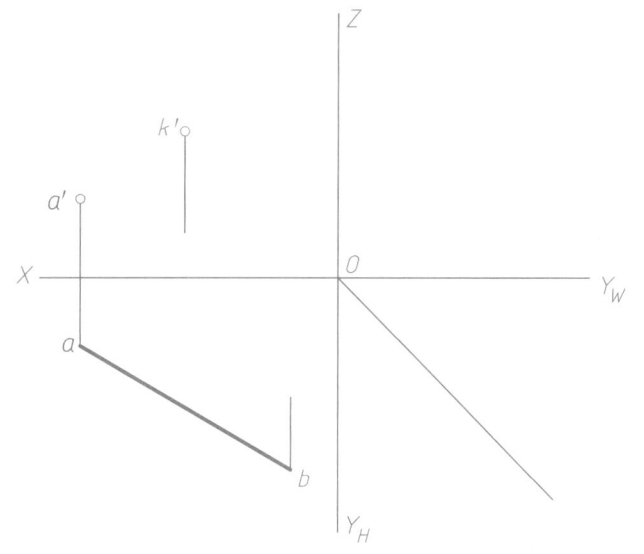

2-9　判断两直线的相对位置，并将结果（平行、相交或交叉）填写在括号内

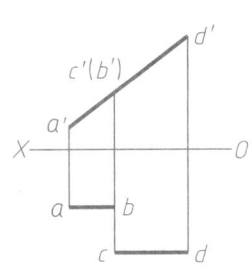

（　　）

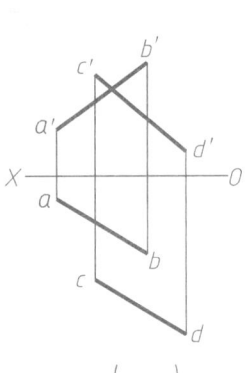

（　　）

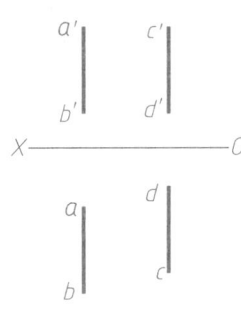

（　　）

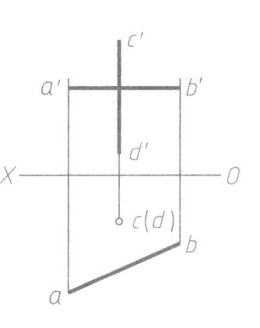

（　　）

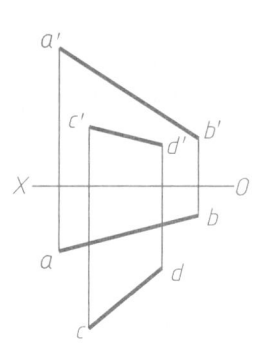

（　　）

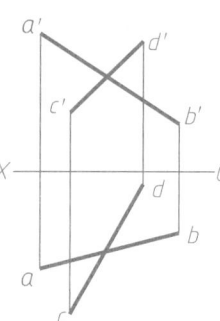

（　　）

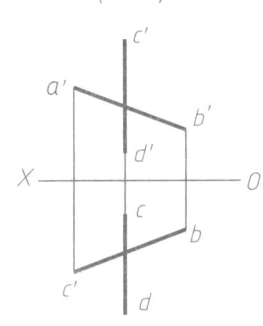

（　　）

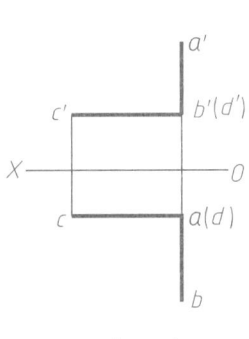

（　　）

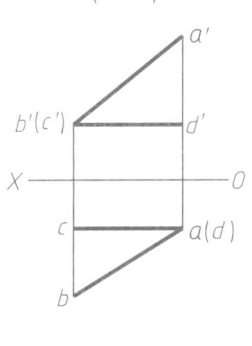

（　　）

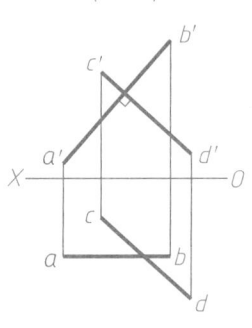

（　　）

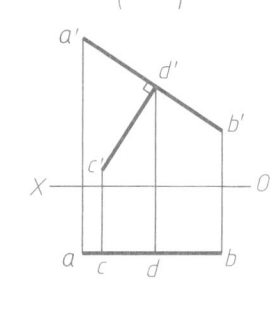

（　　）

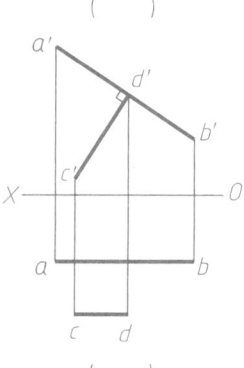

（　　）

2-10　两直线的相对位置

（1）完成平行四边形的两面投影。

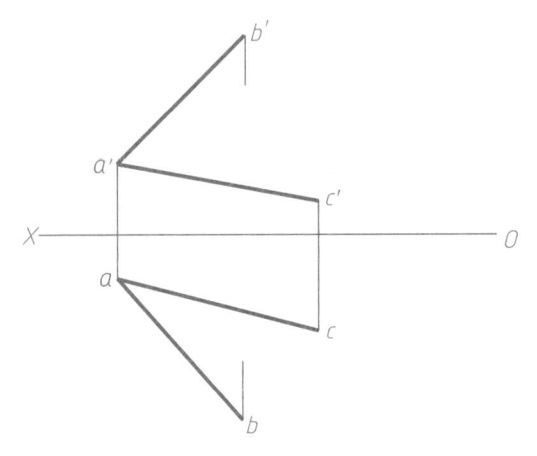

（2）过 C 点作直线 CD 与 AB 平行，与 EF 相交于 D 点，完成 CD 两面投影。

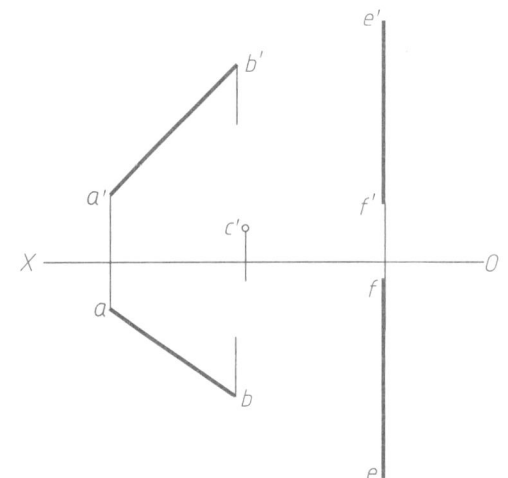

（3）作一水平线 MN 与直线 AB、CD、EF 都相交，求该直线 MN 的两面投影。端点 M 在 AB 上，端点 N 在 EF 上。

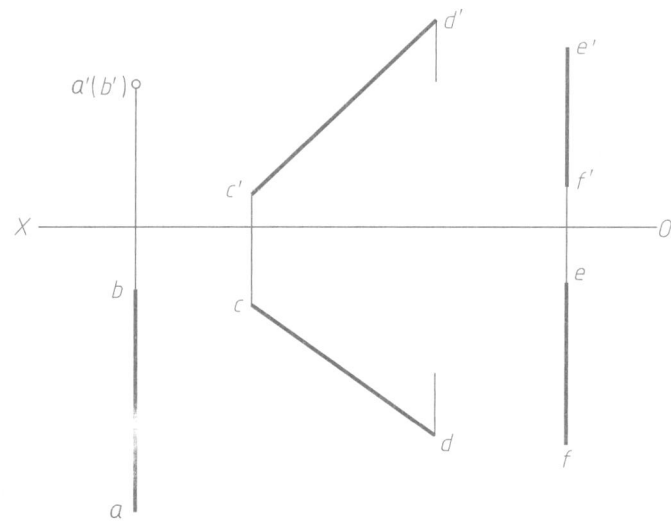

2-11　平面的投影

（1）根据给出平面的两面投影，判别平面对投影面的相对位置。

（2）已知平面为正垂面，点 A 为平面形上的点，$\alpha=60°$，完成平面的正面投影和侧面投影。

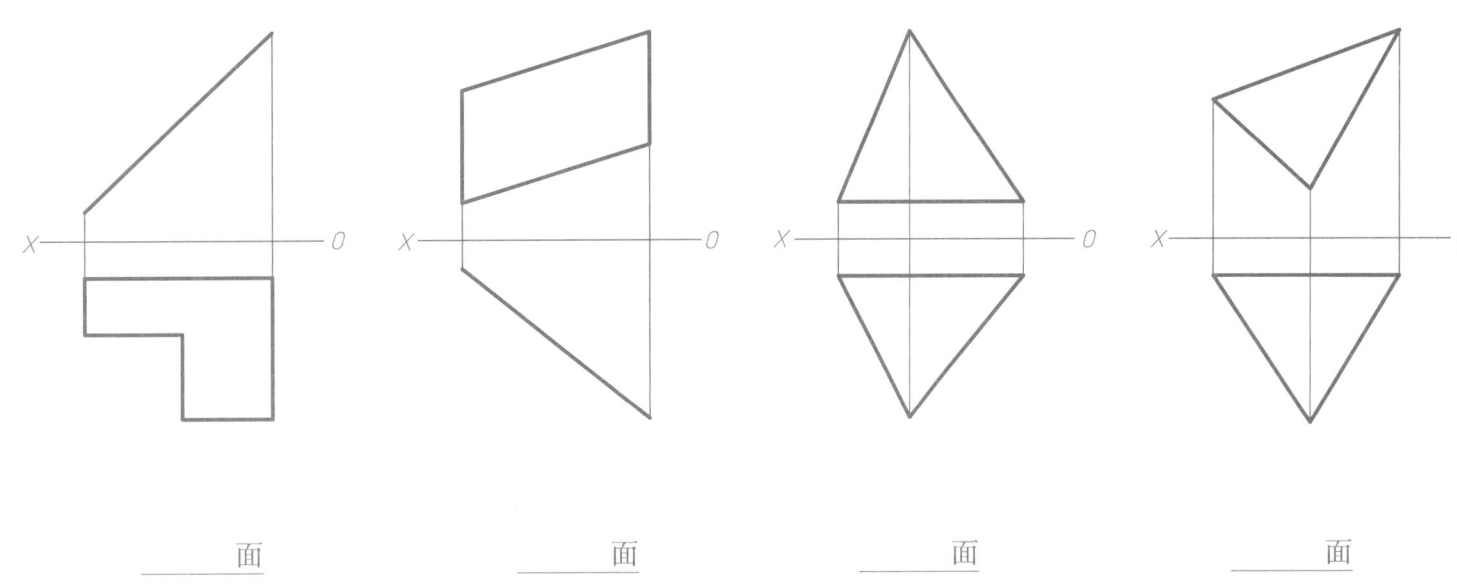

面　　　　　面　　　　　面　　　　　面

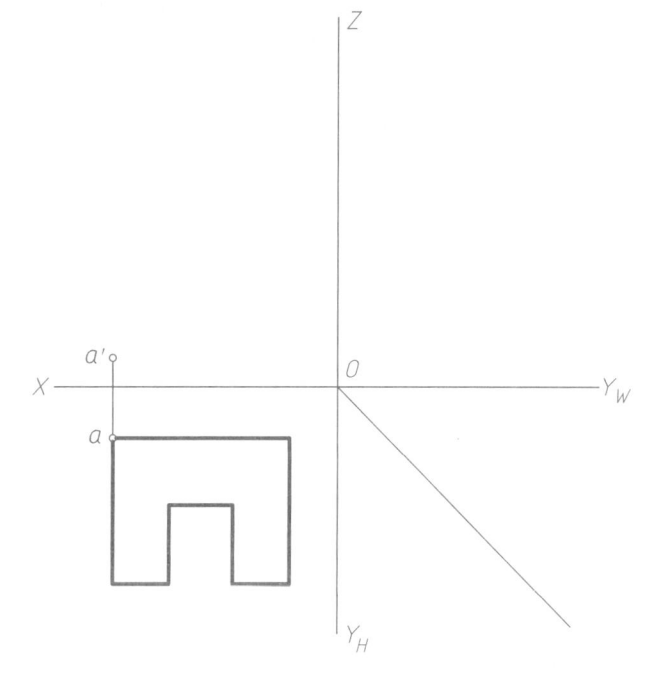

（3）判别点 M、点 N 是否属于平面△ABC。

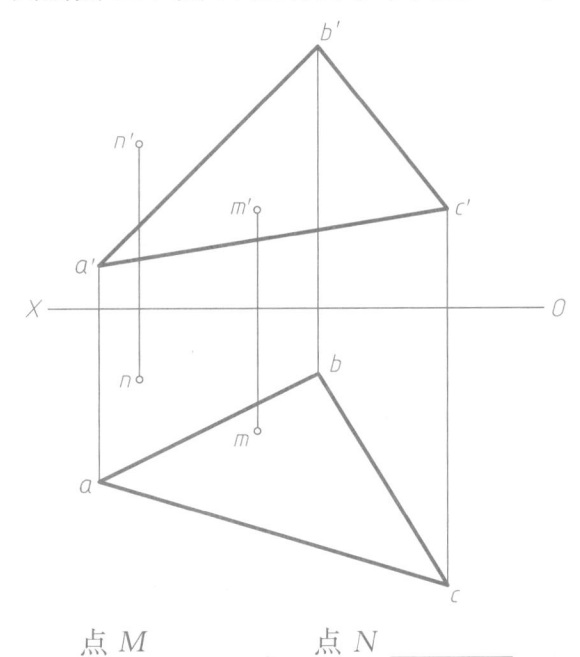

点 M ＿＿＿＿　点 N ＿＿＿＿

（4）点 K 属于相交两直线决定的平面，求其水平投影。

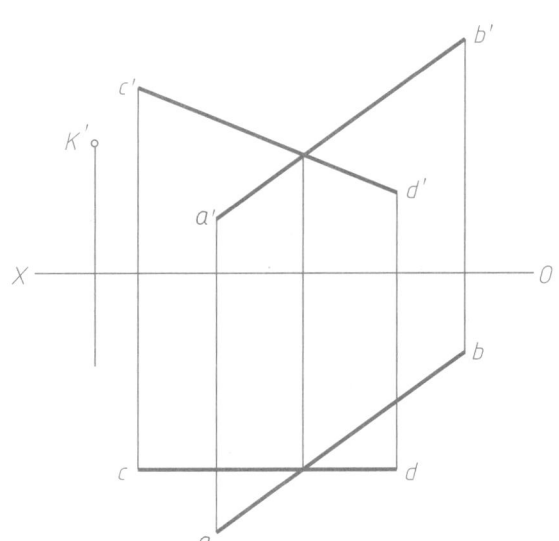

（5）完成五边形的正面投影（已知 AD 为水平线）。

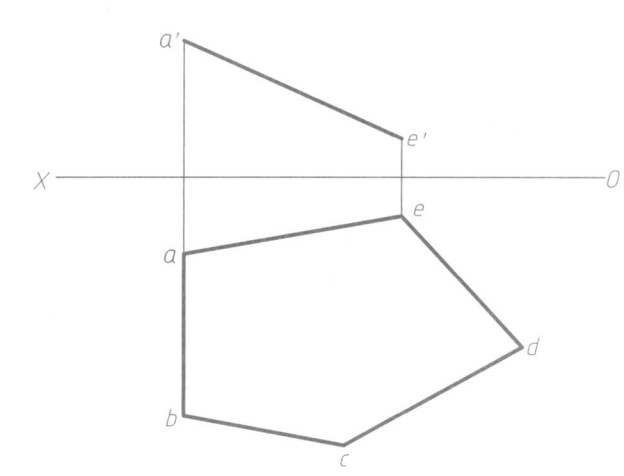

3-1　基本体及表面交线的投影的填空、选择题

(1) 填空题

① 按立体表面的性质不同，基本体通常分为_____和_____。

② 表面是由若干个平面所围成的几何形体，称为_____。

③ 表面包含有曲面的立体称为_____。

④ 平面基本体主要分为_____和_____两种。

⑤ 平面体上相邻表面的交线称为_____。

⑥ 常见的回转体有_____、_____、_____等。

⑦ 圆柱面上任意一条平行于轴线的直线，称为圆柱面的_____。

⑧ 在圆锥面上通过锥顶的任一直线称为圆锥面的_____。

⑨ 立体被平面截切所产生的表面交线称为_____。截交线围成的平面图形称为_____。

⑩ 截交线的性质是_____、_____、_____。

⑪ 平面体的截交线为封闭的_____，其形状取决于截平面所截到的棱边个数和交到平面的情况。

⑫ 回转体的截交线通常为_____或_____。

⑬ 圆柱被平面截切后产生的截交线形状有_____、_____、_____三种。

⑭ 圆锥被平面截切后产生的截交线形状有_____、_____、_____、_____、_____五种。

⑮ 两立体相交所产生的表面交线称为_____。

⑯ 相贯线是两基本体表面的_____，是两相交立体表面的_____，相贯线上的所有点都是两回转体表面的_____。

⑰ 相贯线在一般情况下是_____，特殊情况下相贯线是_____或_____。

⑱ 影响相贯线形状的因素有_____和_____。

⑲ 两同轴回转体相交，相贯线是垂直于轴线的_____。

⑳ 正交两圆柱直径不相等时，可采用简化画法作图，用_____代替相贯线。

(2) 选择题

① 侧棱垂直于底面的棱柱为（　　）。
A. 正棱柱　　B. 斜棱柱　　C. 直棱柱

② 已知回转体的两个视图分别为圆形和矩形，则该形体为（　　）。
A. 圆柱　　B. 圆锥　　C. 圆球

③ 在立体表面找点时，若点所在表面为特殊位置，则可利用（　　）求出点的投影。
A. 辅助线法　　B. 定比性　　C. 积聚投影

④ 在圆锥面上画直线，一定（　　）。
A. 平行轴线　　B. 通过锥顶　　C. 垂直轴线

⑤ 截平面倾斜圆柱的轴线时，其截交线为（　　）。
A. 矩形　　B. 圆　　C. 椭圆

⑥ 如果截平面与圆柱的轴线平行，其截交线为（　　）。
A. 圆　　B. 椭圆　　C. 矩形

⑦ 截平面垂直圆锥的轴线时，其截交线为（　　）。
A. 圆　　B. 椭圆　　C. 双曲线

⑧ 截平面平行圆锥的轴线时，其截交线为（　　）。
A. 抛物线　　B. 椭圆　　C. 双曲线

⑨ 两立体相交，立体表面所得的交线是（　　）。
A. 截交线　　B. 相贯线　　C. 分界线

⑩ 正交两圆柱直径相等时，其相贯线的形状为（　　）。
A. 空间曲线　　B. 平面曲线　　C. 直线

3-2　补画平面体的第三投影，并求其表面点、线的三面投影

（1）

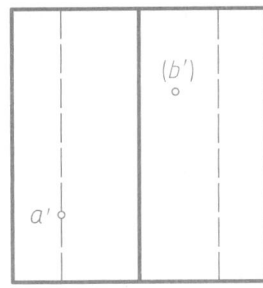
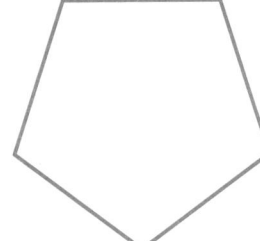

（2）

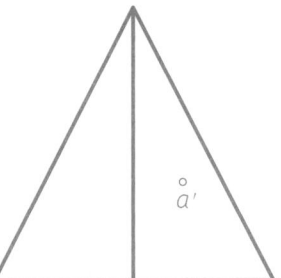
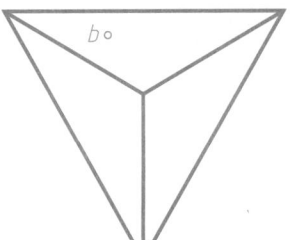

（3）

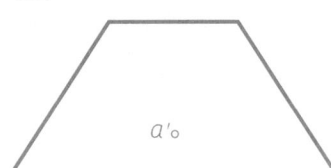
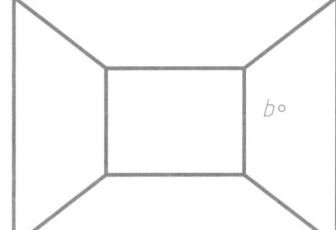

（4）

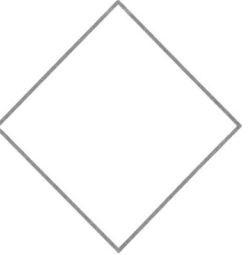

（5）

（6）

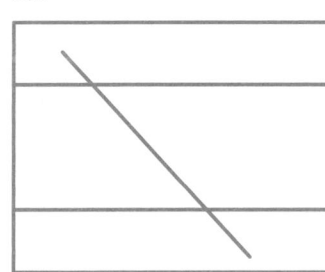

3-3　补绘回转体的第三投影，并求表面点、线的三面投影

（1）

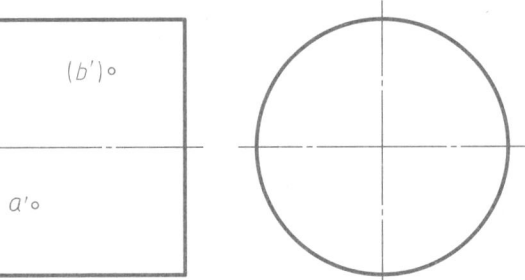

（2）

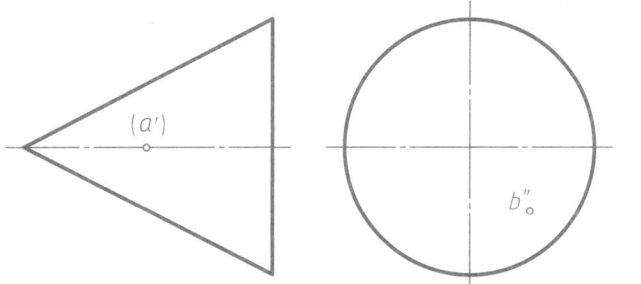

（3）

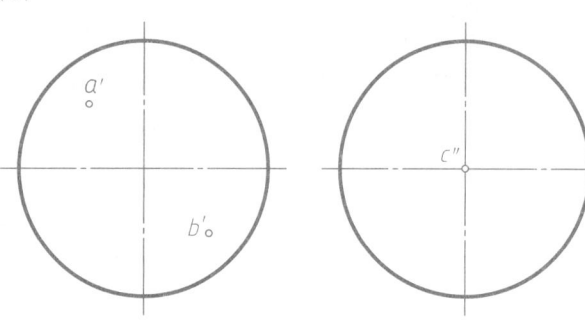

（4）

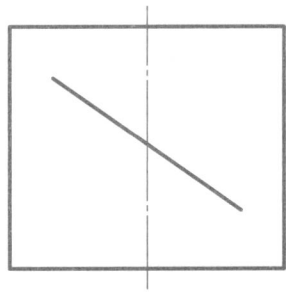

（5）

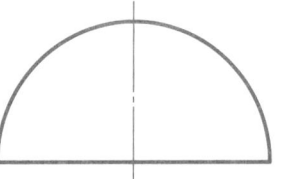

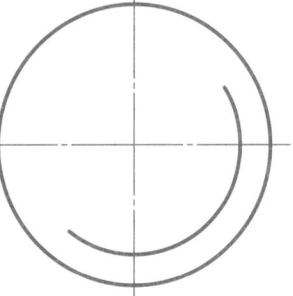

（6）

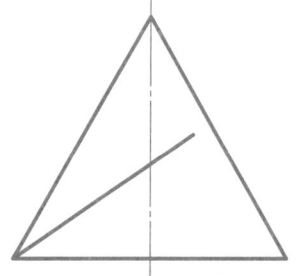

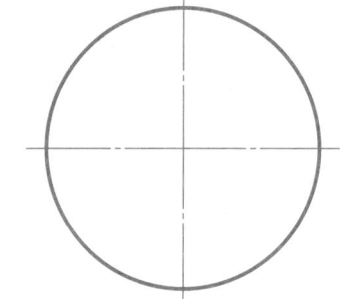

3-4　平面体截交线

（1）

（2）

（3）

（4）

（5）

（6）

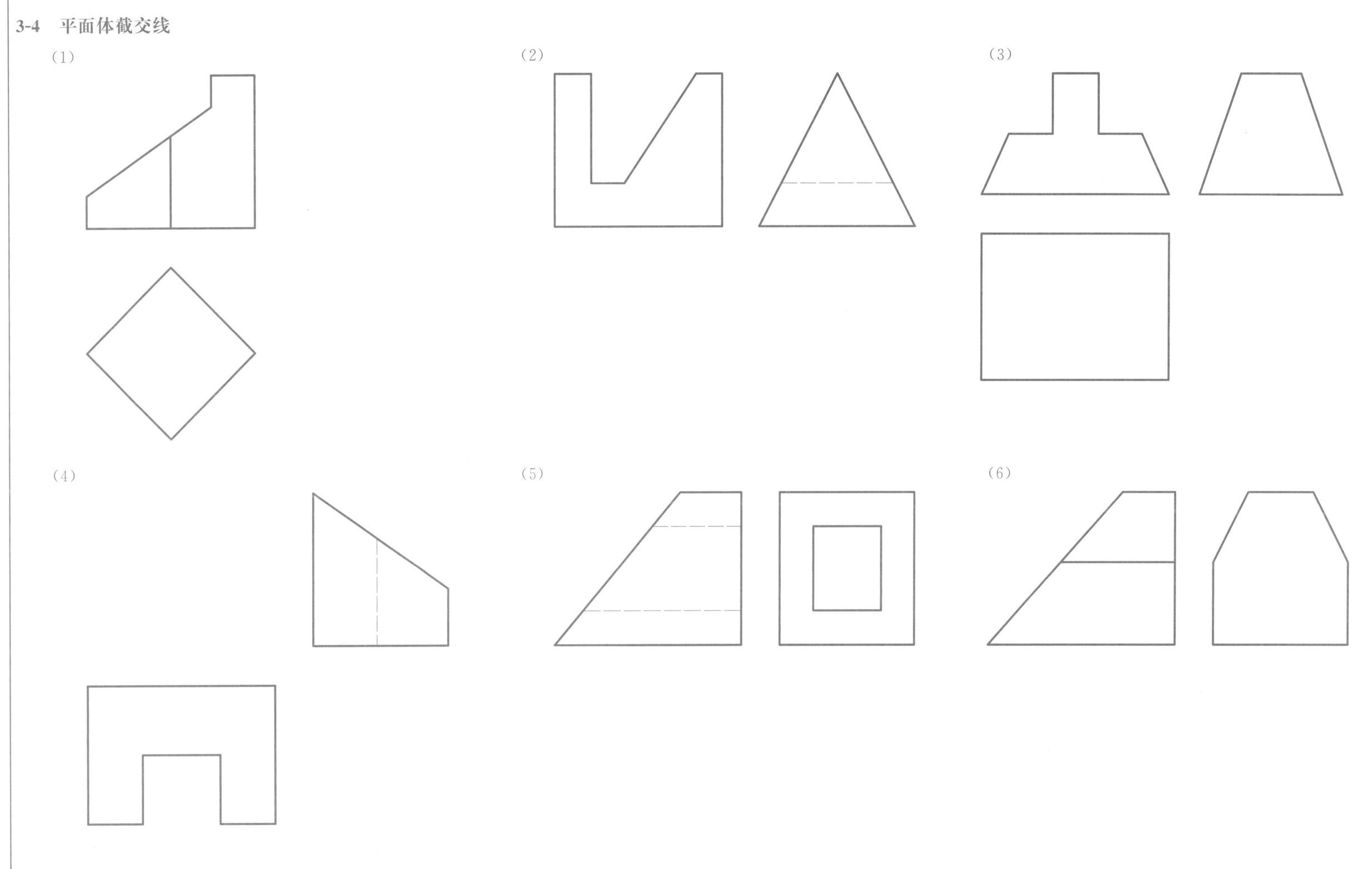

3-5　回转体截交线

（1）

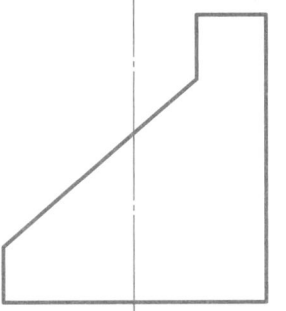

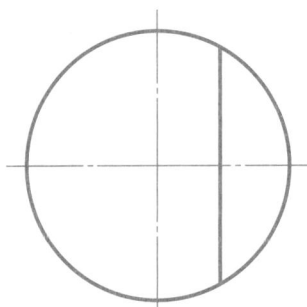

（2）

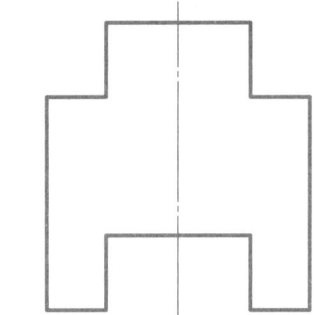

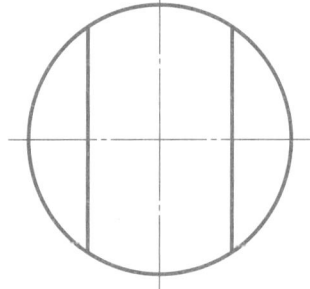

（3）

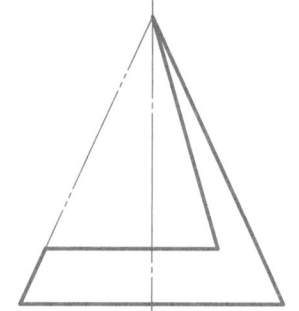

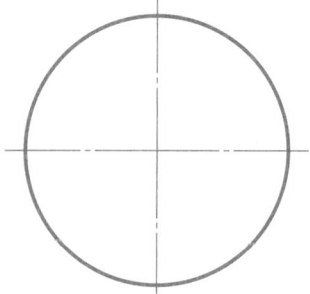

（4）

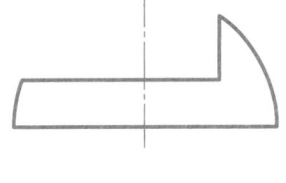

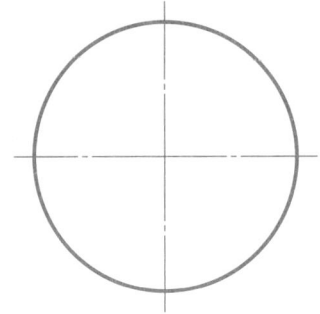

（5）

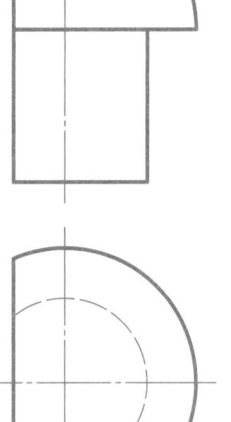

（6）

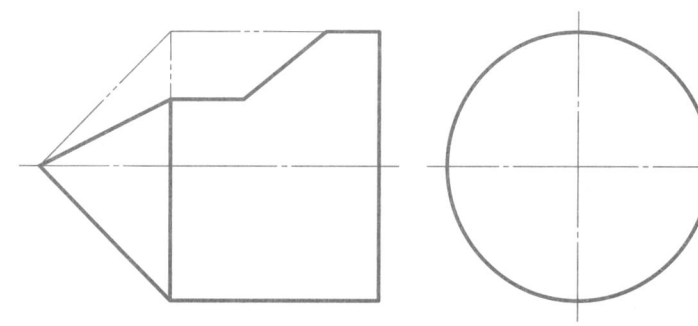

3-6　相贯体

（1）　　　　　　　　　　　　　　　　（2）　　　　　　　　　　　　　　　　（3）

（4）　　　　　　　　　　　　　　　　（5）　　　　　　　　　　　　　　　　（6）

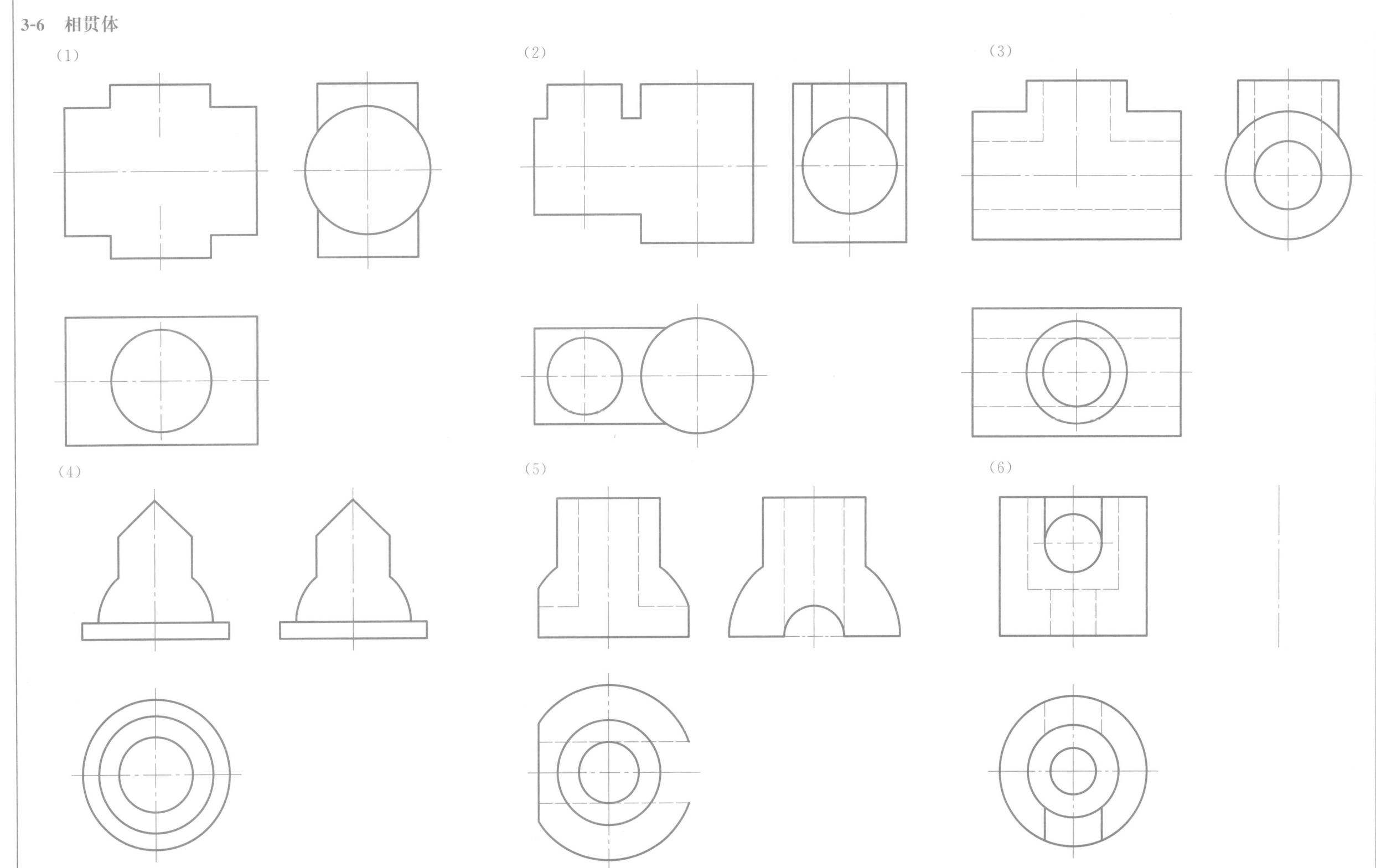

4-1 轴测图的填空、选择题

（1）填空题

① 轴测图是用_____绘制的单面投影图，能同时反映物体_____、_____、_____三个方向的尺寸。

② 轴测投影图根据投影方向与投影面的角度不同，分为_____和_____两大类。

③ 物体上互相平行的棱线，在轴测图中仍具有_____的性质。

④ 物体上平行于坐标轴的棱线，在轴测图中平行于相应的_____，并具有_____的伸缩系数。

⑤ 常用的轴测图有_____和_____。

⑥ 正等轴测图是用_____法绘制的。

⑦ 正等轴测图的轴间角均为_____，轴向伸缩系数为_____。

⑧ 斜二轴测图是用_____法绘制的。

⑨ 斜二轴测图的轴间角分别为_____和_____，轴向伸缩系数为_____、_____。

⑩ 绘制正等轴测图常用作图方法有_____、_____、_____等。

⑪ 回转体上平行于坐标面的圆，在正等轴测图中为_____。

⑫ 正等轴测图中，当圆所在的平面平行 XOY 面（即水平面）时，椭圆的长轴垂直于_____轴，短轴平行于_____轴。

⑬ 正等轴测图中，当圆所在的平面平行 XOZ 面（即正平面）时，椭圆的长轴垂直于_____轴，短轴平行于_____轴。

⑭ 画斜二轴测图时，一般先画出_____的实形，再作出可见的_____及后端面的轴测投影。

⑮ 正面斜二轴测图中，平行于 XOZ 坐标面的圆，投影为_____。

⑯ 徒手绘制的轴测图称为_____。

（2）选择题

① 物体上互相平行的线段，轴测投影（   ）。

A. 平行   B. 垂直   C. 无法确定

② 正等轴测图的轴间角为（   ）。

A. 120°   B. 60°   C. 90°

③ 正等轴测图中，为了作图方便，轴向伸缩系数一般取（   ）。

A. 2   B. 1   C. 0.5

④ 画正等轴测图的 X、Y 轴时，为了保证轴间角，一般用（   ）三角板绘制。

A. 30°   B. 45°   C. 90°

⑤ 在斜二轴测图中，取一个轴的轴向变形系数为 0.5 时，另两个轴向变形系数为（   ）。

A. 0.5   B. 1   C. 2

⑥ 画组合体正等轴测图时，常采用的方法有（   ）。

A. 切割法   B. 叠加法   C. 坐标法、切割法、叠加法

⑦ 正等轴测图中，当圆所在的平面平行 XOZ 面（即正面）时，椭圆的长轴垂直于（   ）轴。

A. OX   B. OY   C. OZ

⑧ 画正面斜二轴测图时，应首先画出（   ）的实形投影。

A. 前面   B. 后面   C. 左面

4-2 根据给出的三视图，绘制正等轴测图

（1）

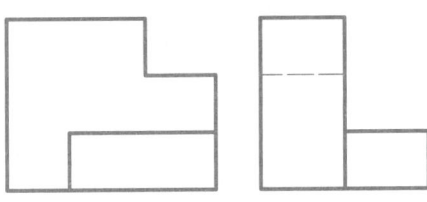

（2）

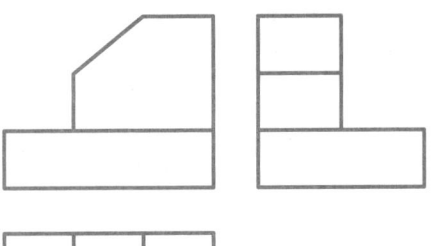

（3）

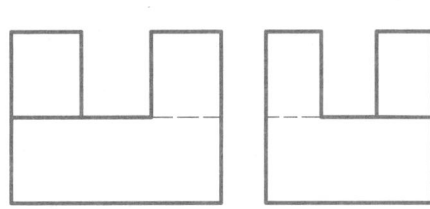

（4）

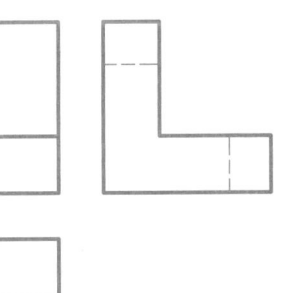

（5）

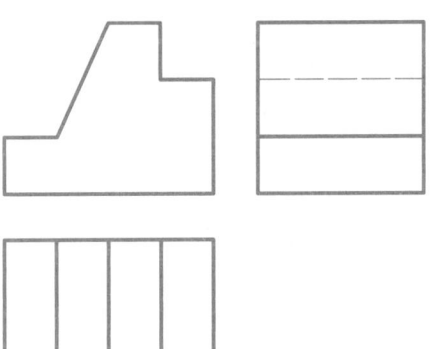

（6）

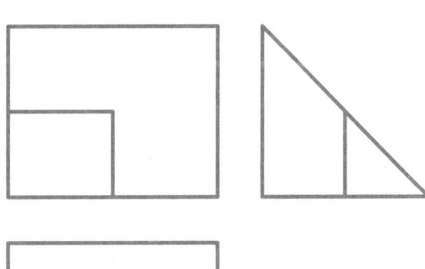

4-3　根据给出的视图，绘制曲面体正等轴测图

（1）
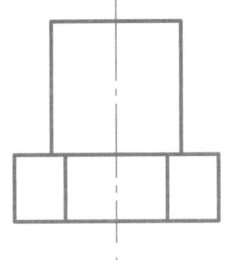
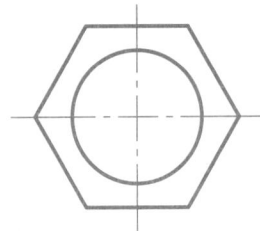

（2）
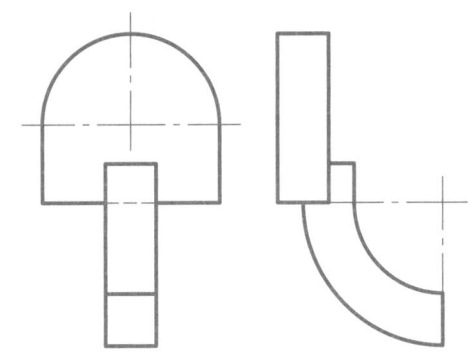

（3）
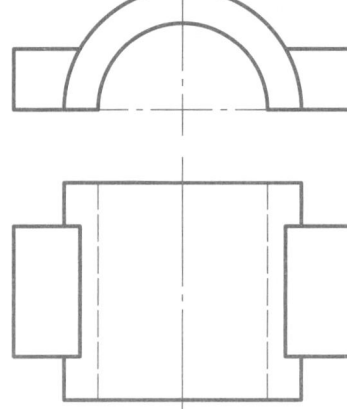

（4）
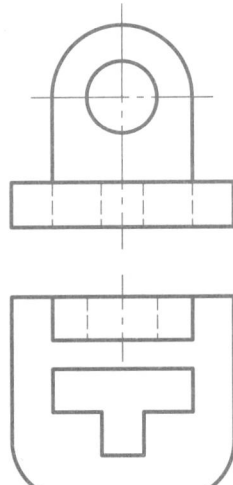

（5）
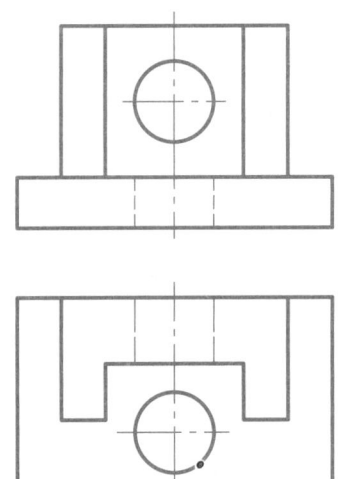

（6）
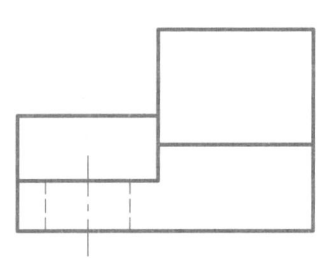
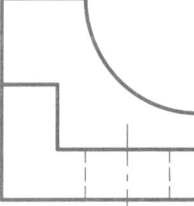
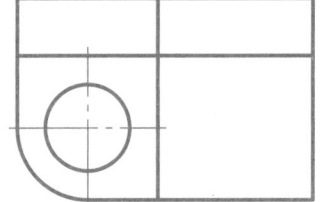

4-4　根据给出的视图，绘制立体斜二轴测图

（1）

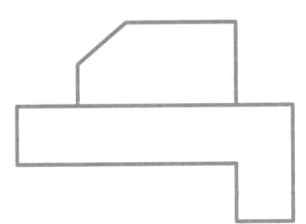

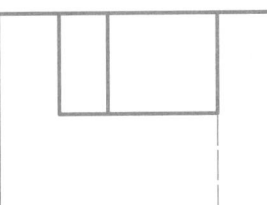

（2）

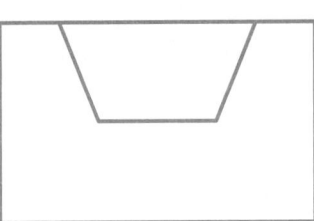

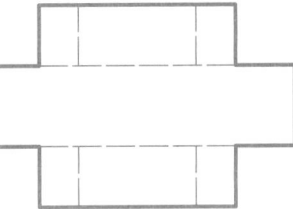

（3）

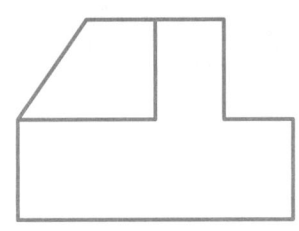

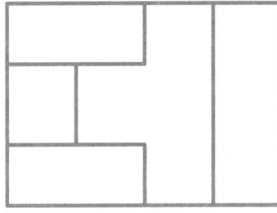

（4）

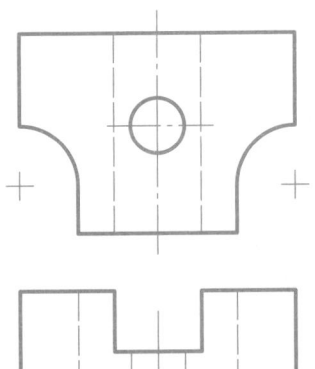

（5）

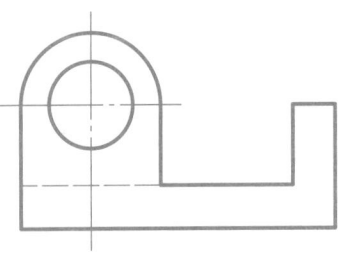

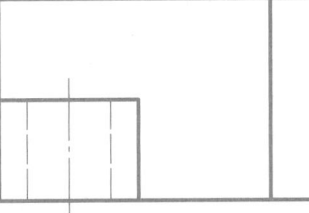

（6）

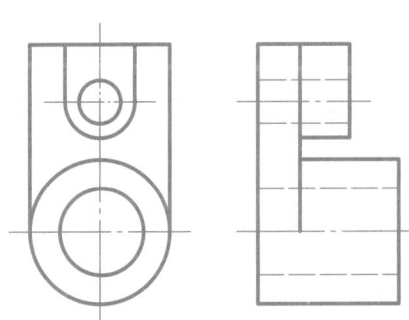

4-5　徒手绘制立体的正等轴测图

（1）

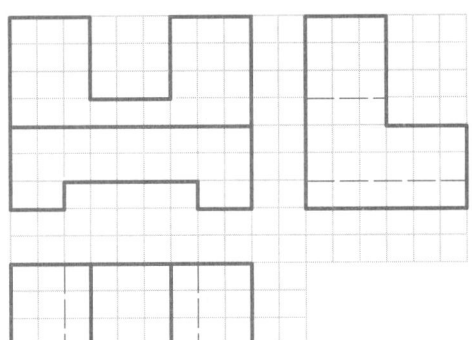

（2）

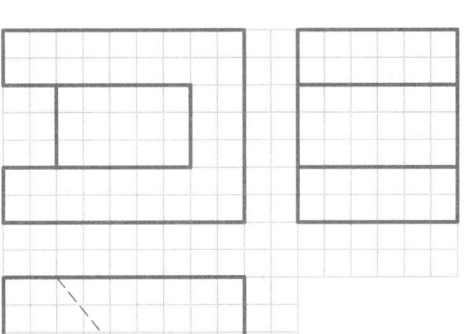

（3）

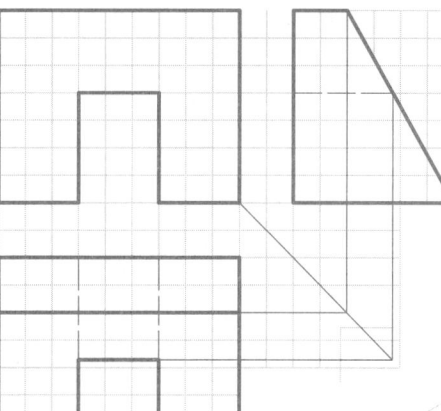

（4）

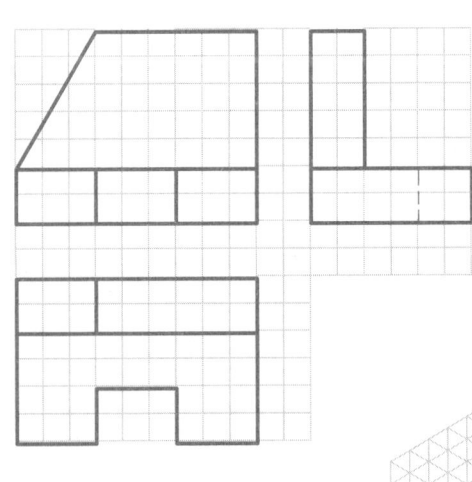

（5）

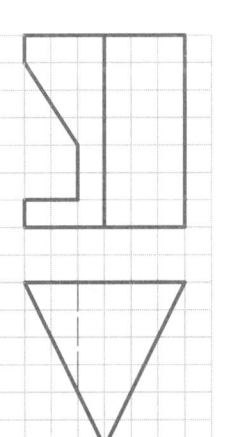

（6）

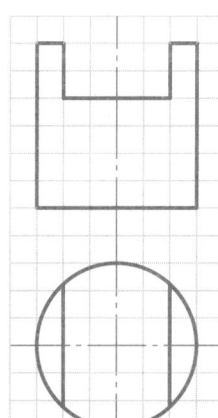

4-6 根据给出的两视图，在 A3 图幅上绘制物体的正常轴测图，并根据所绘轴测图画出第三视图

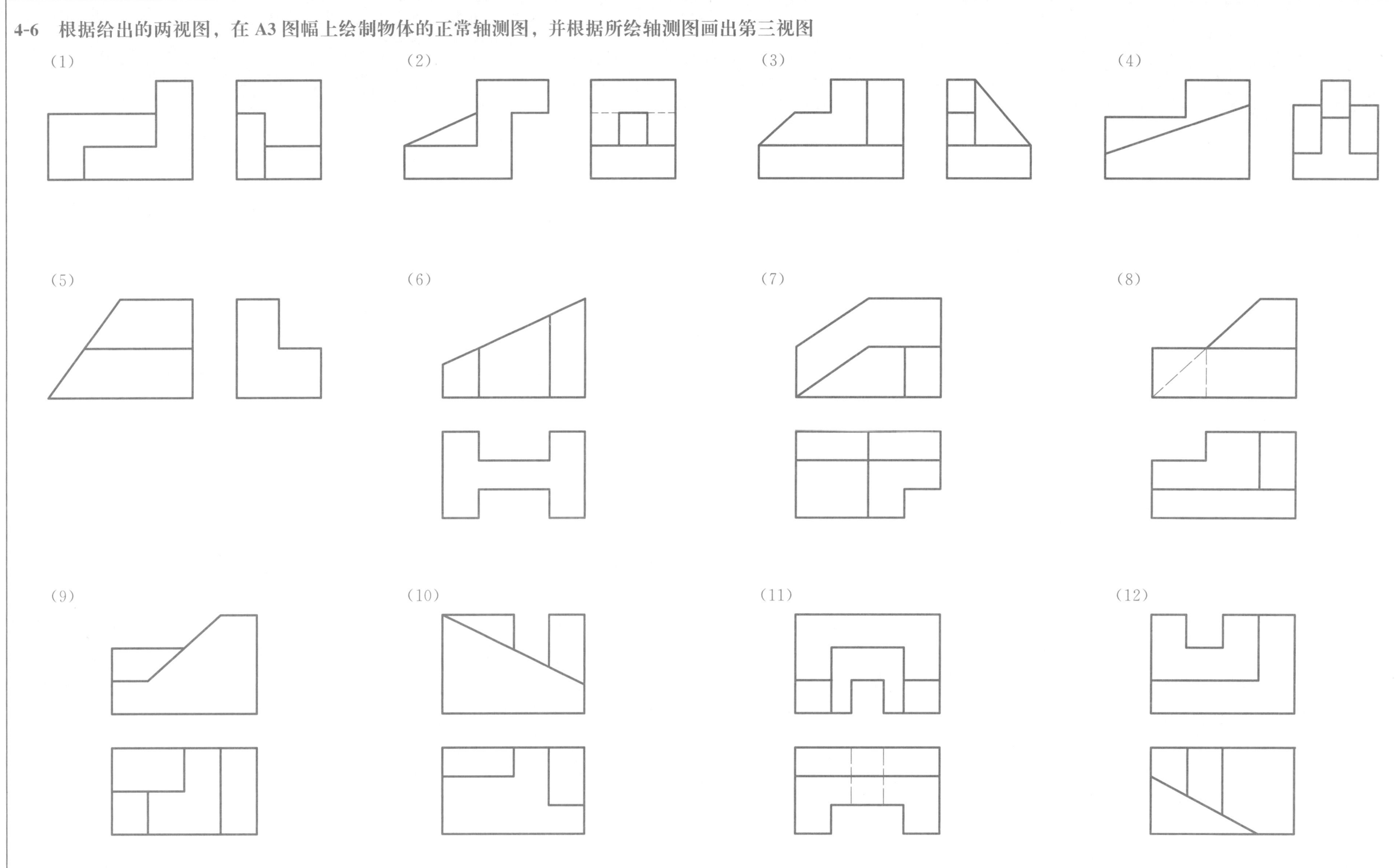

（1）　　　　　　　　（2）　　　　　　　　（3）　　　　　　　　（4）

（5）　　　　　　　　（6）　　　　　　　　（7）　　　　　　　　（8）

（9）　　　　　　　　（10）　　　　　　　　（11）　　　　　　　　（12）

5-1 组合体的填空、选择题

（1）填空题

① 由两个或两个以上的_____形成的物体称为组合体。

② 组合体的组合形式有_____、_____和_____三种。

③ 组合体相邻的表面可能形成_____、_____和_____三种关系。

④ 叠加型组合体是由若干个简单的基本体_____而成。

⑤ 切割型组合体是将一个完整的基本体_____后形成的。

⑥ 组合体的三视图中，主视图是由_____向_____投射所得的视图，它反映形体的_____和_____方位。

⑦ 组合体的三视图中，俯视图是由_____向_____投射所得的视图，它反映形体的_____和_____方位。

⑧ 组合体的三视图中，远离主视图的方向为_____方，靠近主视图的方向为_____方。

⑨ 主视图主要由组合体的_____和_____两个因素决定。

⑩ 识读组合体视图的方法有_____法和_____法。

⑪ 组合体视图中图线的含义是：_____。

⑫ 组合体视图中线框的含义是：_____。

⑬ 相邻的两个封闭线框，表示物体上_____、_____或_____两个平面。

⑭ 识读组合体视图的步骤是：抓住特征_____，分析视图_____，线面分析_____，综合起来_____。

⑮ 组合体尺寸标注的基本要求是：_____、_____、_____、_____。

⑯ 组合体的视图上，一般应标注出_____、_____和_____三种尺寸，标注尺寸的起点称为尺寸的_____。

⑰ 确定组合体各组成部分的形状大小的尺寸是_____尺寸。

⑱ 确定组合体各组成部分之间相对位置的尺寸是_____尺寸。

⑲ 平面体一般要标注出它的_____、_____、_____三个方向的尺寸。

⑳ 对于回转体来说，通常只要标注出_____尺寸和_____尺寸。

（2）选择题

① 绘制组合体视图时，应先进行（　　）。

A. 形体分析　　　　　B. 线面分析　　　　　C. 尺寸分析

② 根据三视图的位置关系，俯视图应画在（　　）。

A. 主视图的下方　　　B. 主视图的上方　　　C. 主视图的正下方

③ 三视图间的投影关系是，V 面投影与 H 面投影应（　　）。

A. 长对正　　　　　　B. 高平齐　　　　　　C. 宽相等

④ 主视图能反映组合体各组成部分之间的（　　）关系。

A. 前后左右　　　　　B. 上下左右　　　　　C. 上下前后

⑤ 俯视图能反映组合体各组成部分之间的（　　）关系。

A. 前后左右　　　　　B. 上下左右　　　　　C. 上下前后

⑥ 组合体中当两个基本体表面平齐时，在视图上（　　）。

A. 应画细实线　　　　B. 应画虚线　　　　　C. 不应画线

⑦ 组合体视图中的任意图线，是形体上（　　）的投影。

A. 一条棱线　　　　　B. 面的积聚　　　　　C. 不确定

⑧ 给出形体的两视图均为矩形线框，则该形体为（　　）。

A. 长方体　　　　　　B. 圆柱体　　　　　　C. 不确定

⑨ 确定组合体中各基本形体形状大小的尺寸是（　　）。

A. 定形尺寸　　　　　B. 定位尺寸　　　　　C. 总体尺寸

⑩ 确定组合体中各基本形体之间的相对位置尺寸是（　　）。

A. 定形尺寸　　　　　B. 定位尺寸　　　　　C. 总体尺寸

5-2　根据立体图补出投影图中遗漏的图线

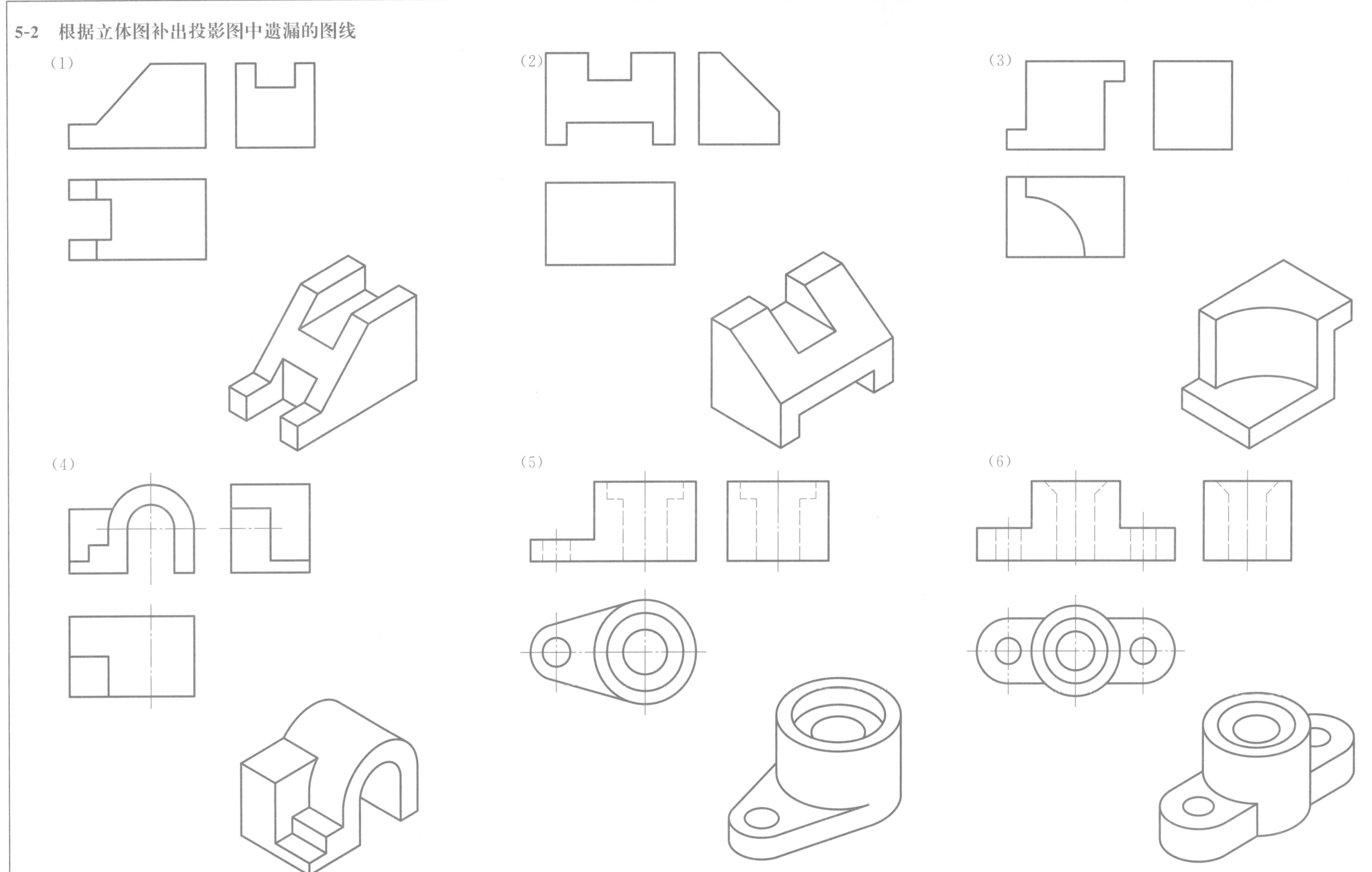

（1）　（2）　（3）　（4）　（5）　（6）

5-3　根据立体图 1：1 量尺寸画三视图

（1）　　　　　　　　　　　　　　　　　　　　　　　　　　　　（2）

（3）　　　　　　　　　　　　　　　　　　　　　　　　　　　　（4）

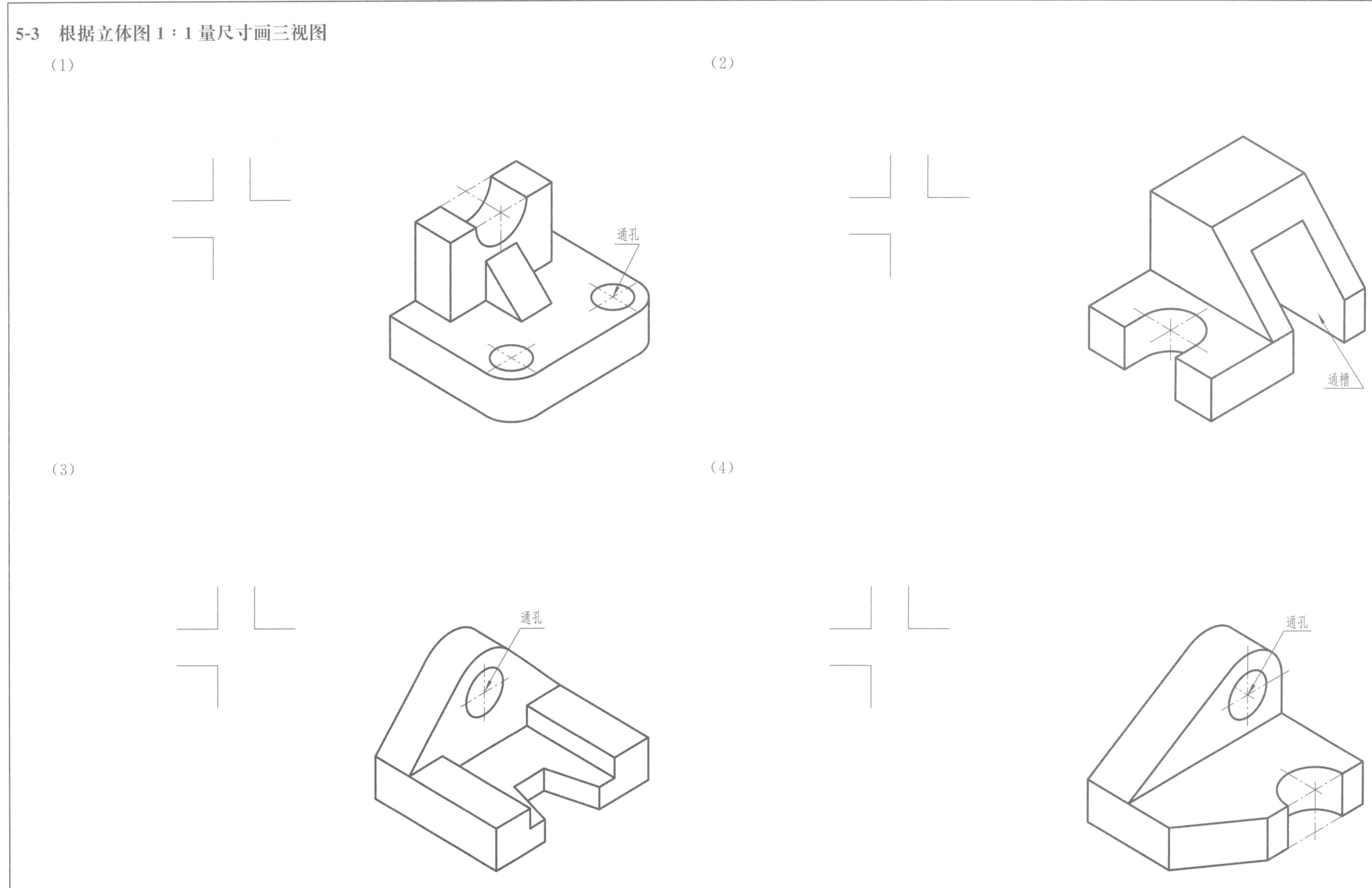

（5）

（6）

（7）

（8）

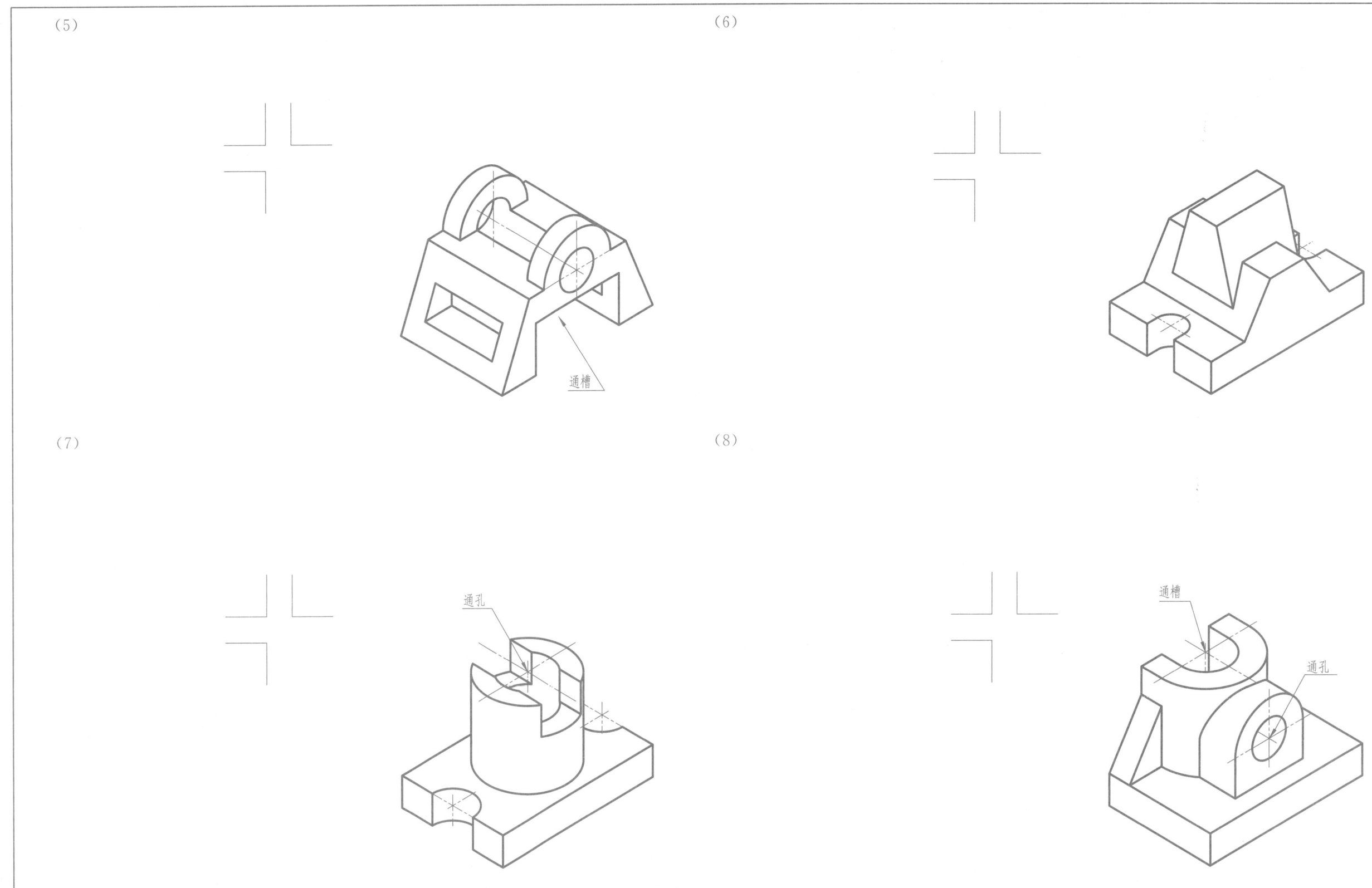

通槽

通孔

通槽

通孔

5-4　标注下列组合体的尺寸（尺寸从图中 1∶1 直接测量，取整数）

（1）

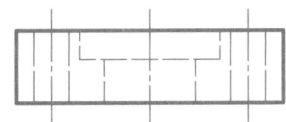

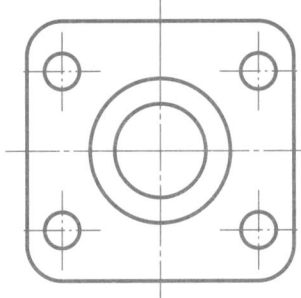

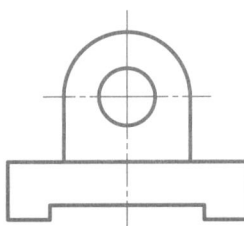

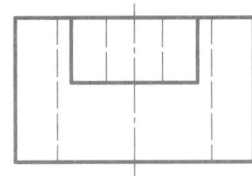

（2）

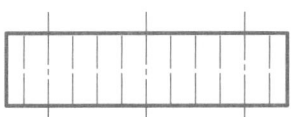

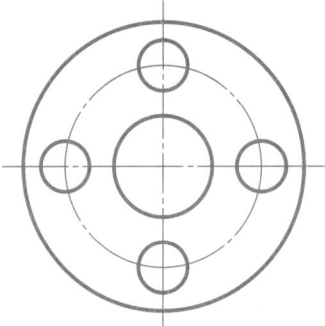

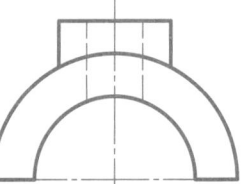

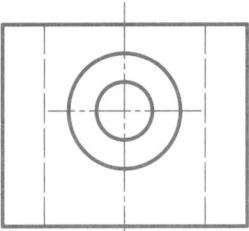

（3）

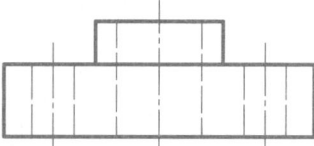

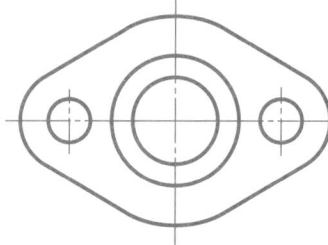

（4）

（5）

（6）

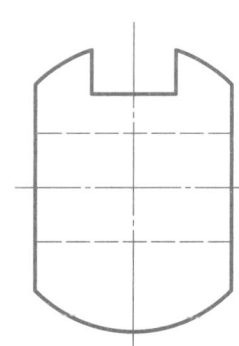

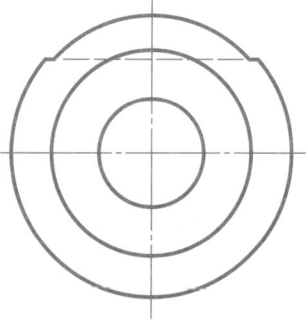

5-5　组合体尺寸标注

（1）根据轴测图在视图中标注尺寸。

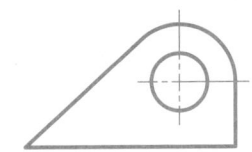
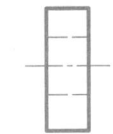

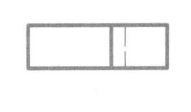

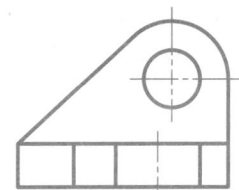
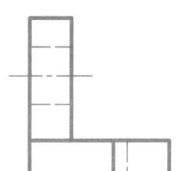

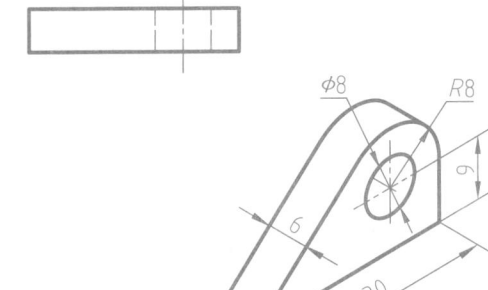
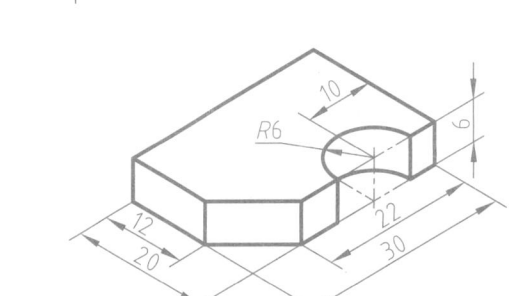
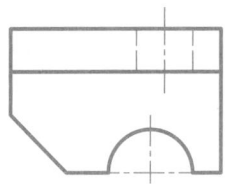
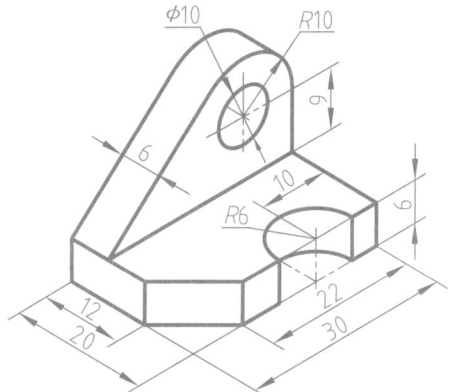

（2）补全三视图中所缺漏的尺寸（尺寸数值从图中直接测量，取整数）。

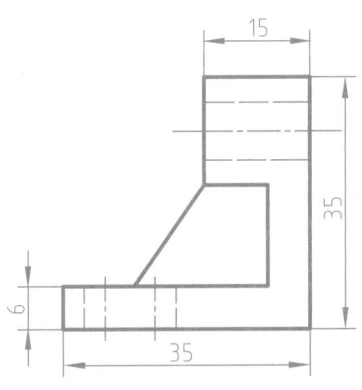
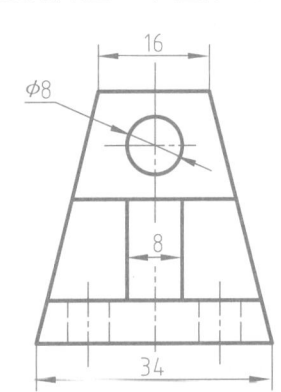
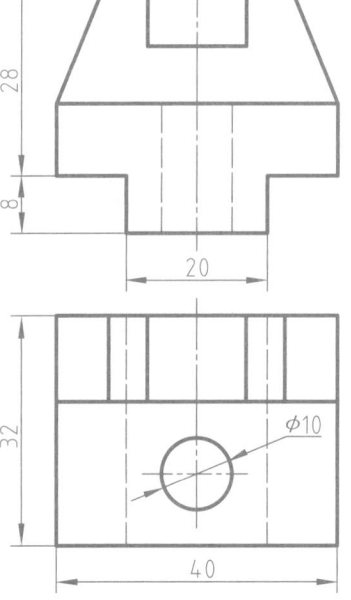
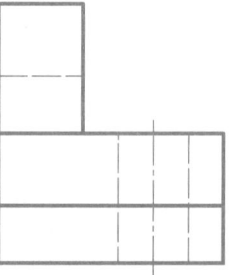
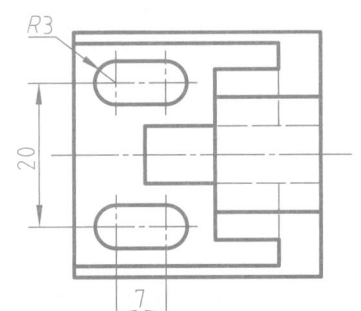

（3）补画组合体左视图，并标注尺寸（尺寸数值从图中按 1：1 测量，取整数）。

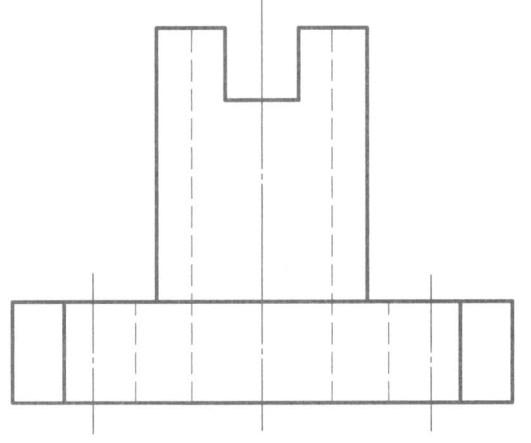

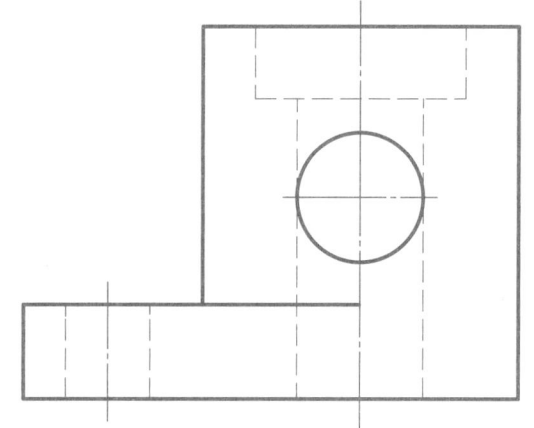

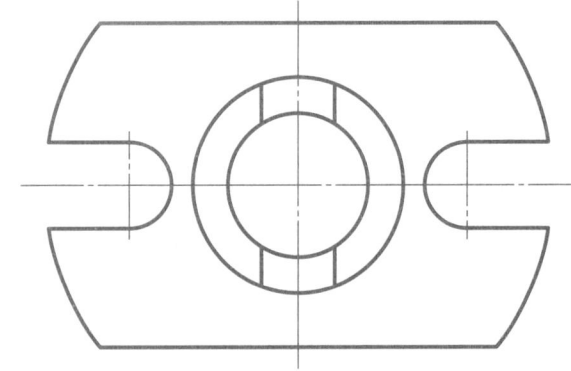

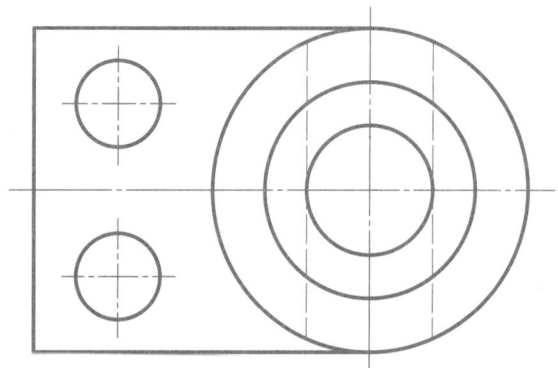

5-6　组合体看图选择题

（1）根据物体的主、俯两视图，选择正确的左视图（　　　）。

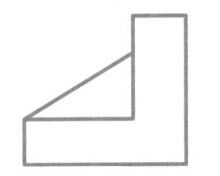
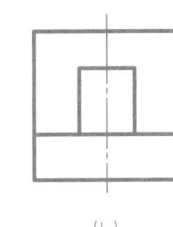 (a)
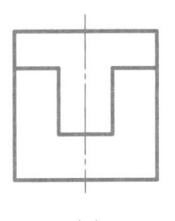 (b)
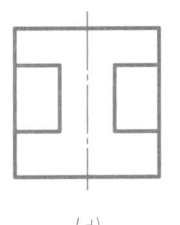 (c)
(d)

（2）根据物体的主、俯两视图，选择正确的左视图（　　　）。

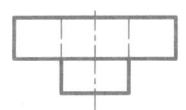
 (a)
 (b)
 (c)
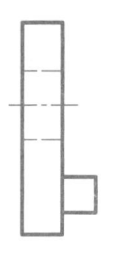 (d)
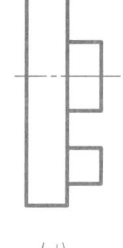

（3）根据物体的主、俯两视图，选择正确的左视图（　　　）。

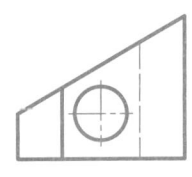
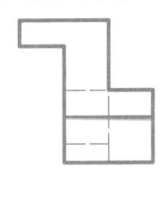 (a)
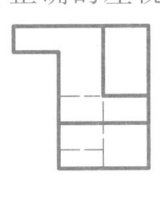 (b)
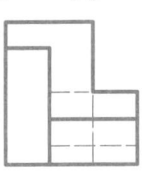 (c)
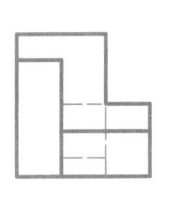 (d)
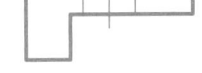

（4）根据物体的俯视图，选择其相应的主视图（　　　）。

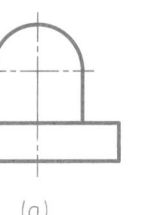 (a)
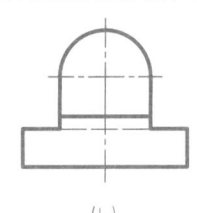 (b)
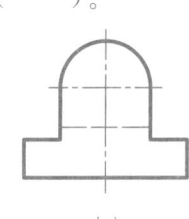 (c)
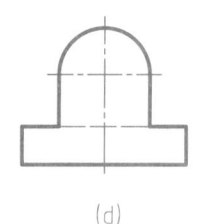 (d)
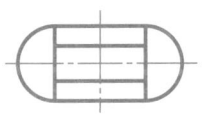

（5）根据物体的主、俯两视图，选择正确的左视图（　　　）。

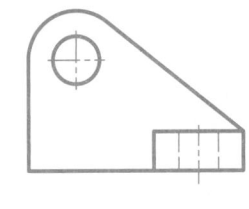
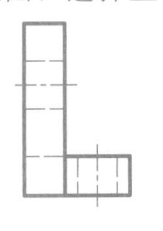 (a)
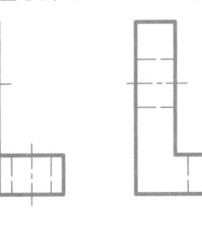 (b)
 (c)
 (d)
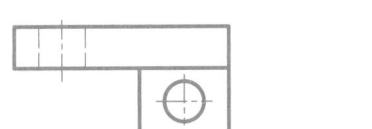

（6）根据物体的俯视图，选择其相应的主视图（　　　）。

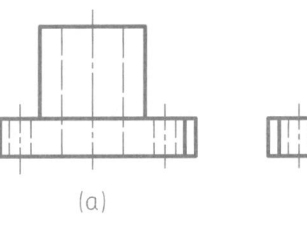 (a)
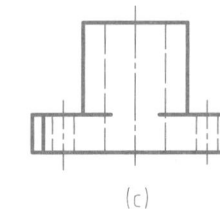 (b)
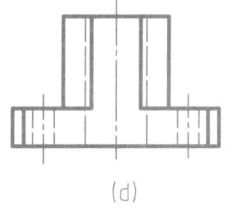 (c)
(d)
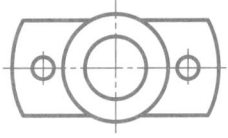

5-7　根据给出的二视图，补画第三视图

（1）

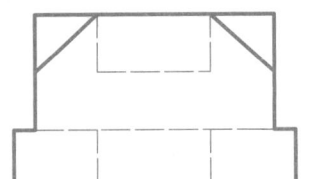 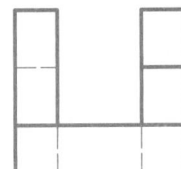

（2）

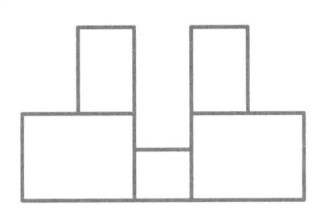
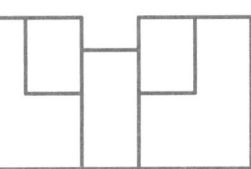

（3）

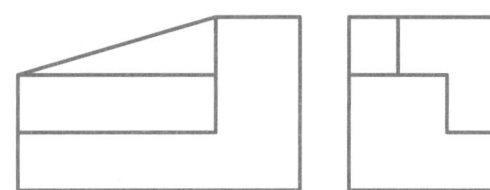

（4）

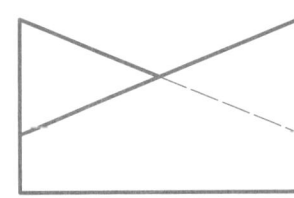

（5）

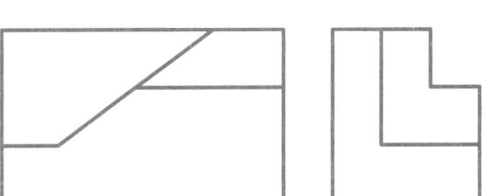

（6）

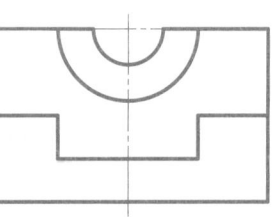
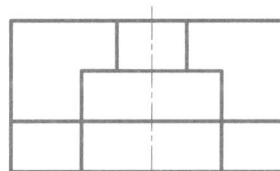

（7）

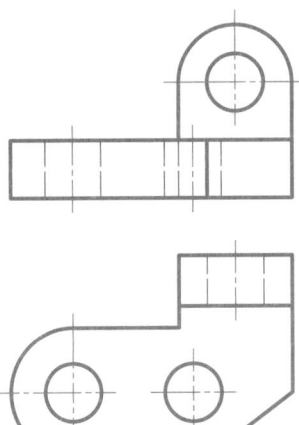

（8）

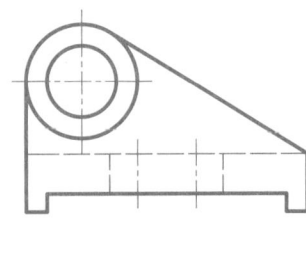
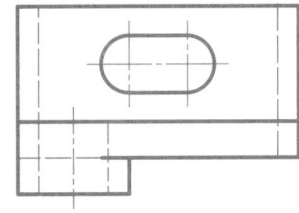

（9）

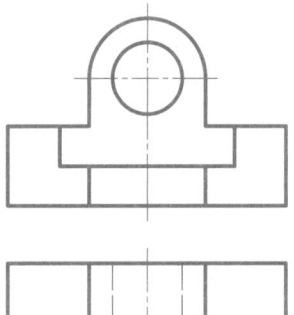
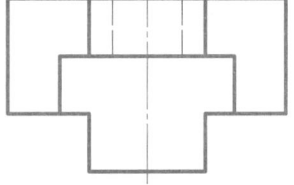

（10）　　　　　　　　　　　　　　（11）　　　　　　　　　　　　　　（12）

（13）　　　　　　　　　　　　　　（14）　　　　　　　　　　　　　　（15）

（16）　　　　　　　　　　　　　　（17）　　　　　　　　　　　　　　（18）

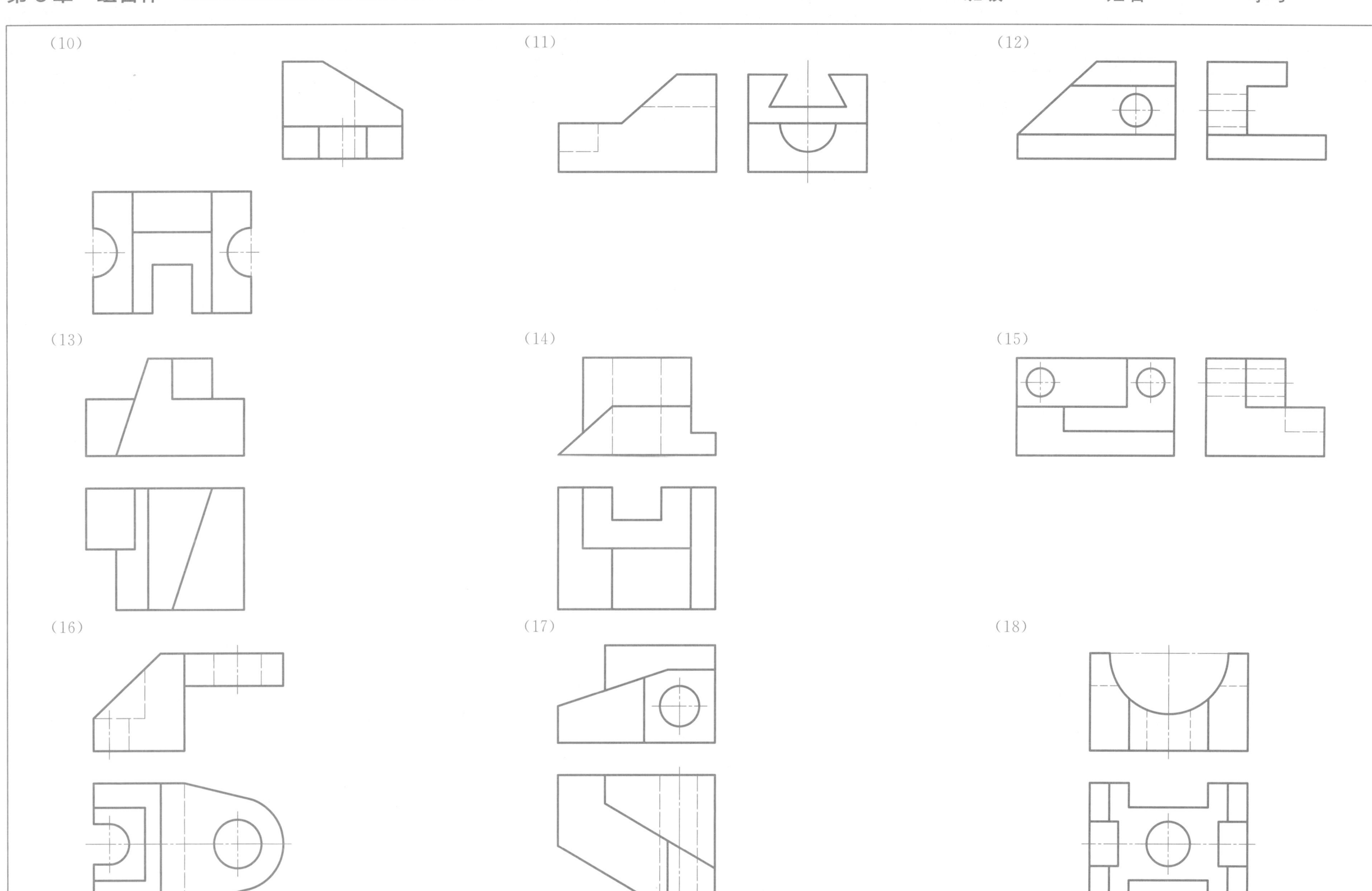

5-8　补画投影图中遗漏的图线

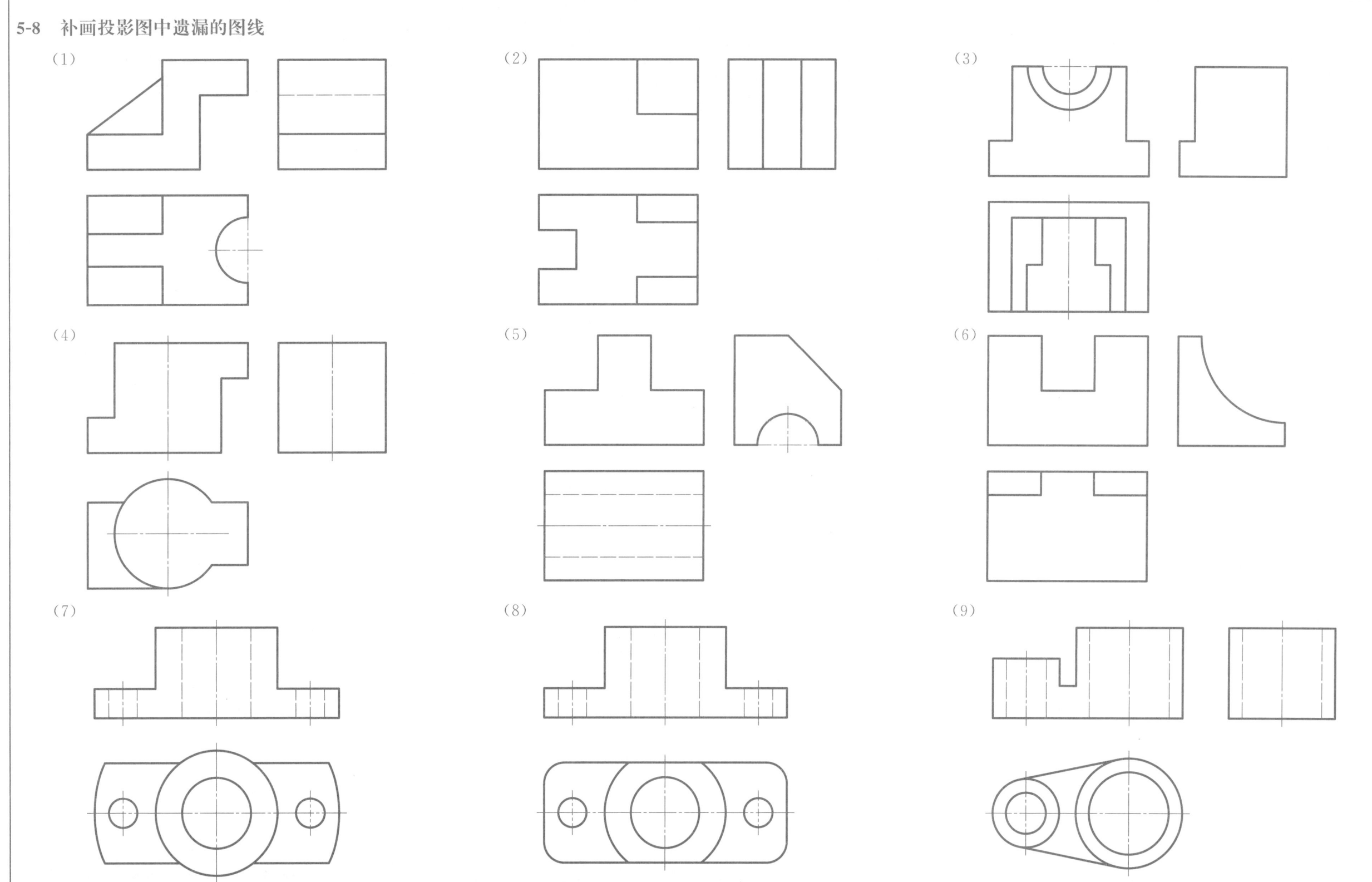

(1)　　　　　　　　　　　　　　　(2)　　　　　　　　　　　　　　　(3)

(4)　　　　　　　　　　　　　　　(5)　　　　　　　　　　　　　　　(6)

(7)　　　　　　　　　　　　　　　(8)　　　　　　　　　　　　　　　(9)

5-9　绘制组合体三视图并标注尺寸

（1）目的、内容与要求

① 目的、内容：进一步理解与巩固"物"与"图"之间的对应关系，运用形体分析的方法，根据轴测图绘制组合体的三视图，并标注尺寸。本作业共 6 道题，按需要完成其中 1～2 道题。

② 要求：完整地表达组合体的内外形状。标注尺寸要完整、清晰，并符合图家标准。

（2）图名、图幅、比例

① 图名：组合体三视图。

② 图幅：A3 图纸。

③ 比例：2∶1。

（3）绘图步骤与注意事项

① 对所绘组合体进行形体分析，确定主视图投影方向，按轴测图所标注尺寸布置三个视图位置（注意视图之间预留标注尺寸的位置），画出各视图的对称中心线和底面（顶面、端面）位置线。

② 逐步画出组合体各部分的三视图（注意表面相切或相贯时的画法）。

③ 标注尺寸时应注意不要照搬轴测图上的尺寸注法，应重新考虑视图上尺寸的配置。以尺寸完整、注法符合标准、配置适当为原则。

④ 完成底稿，经仔细校核后用铅笔加深。

⑤ 图面质量与标题栏填写的要求，同第一次制图作业。

（1）

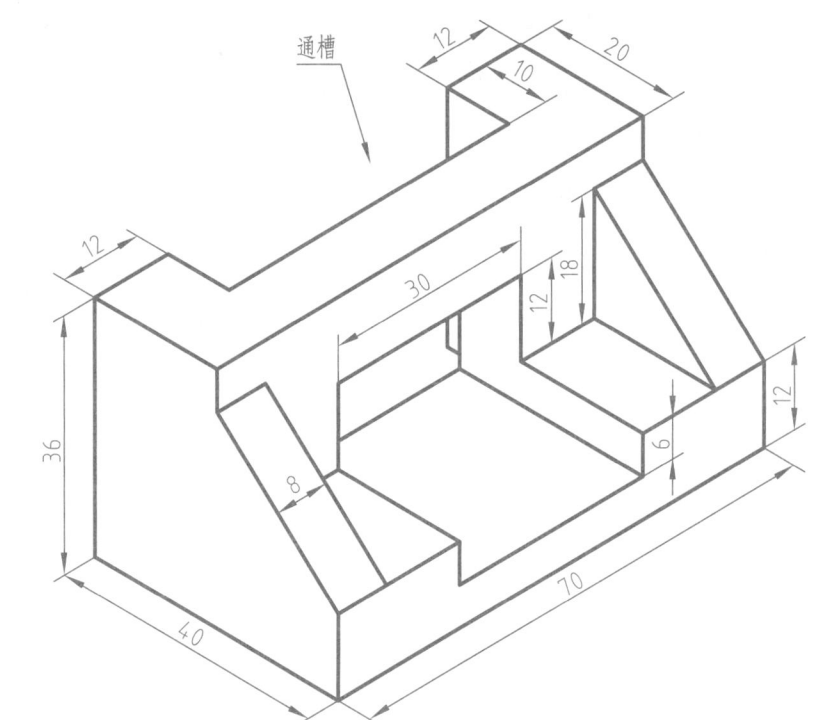

（2）

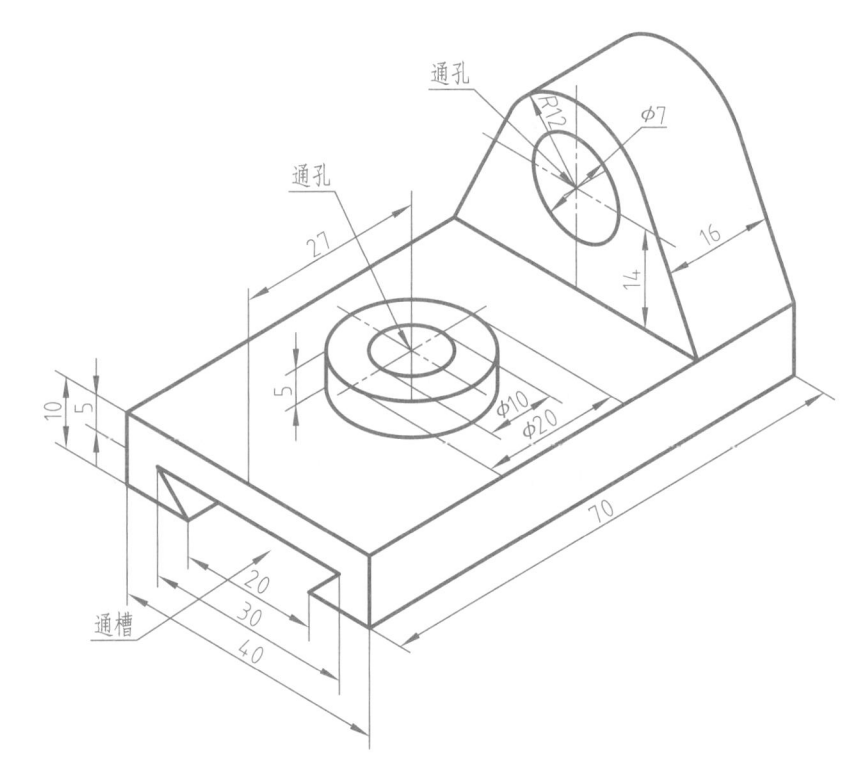

（3）

（4）

（5）

（6）

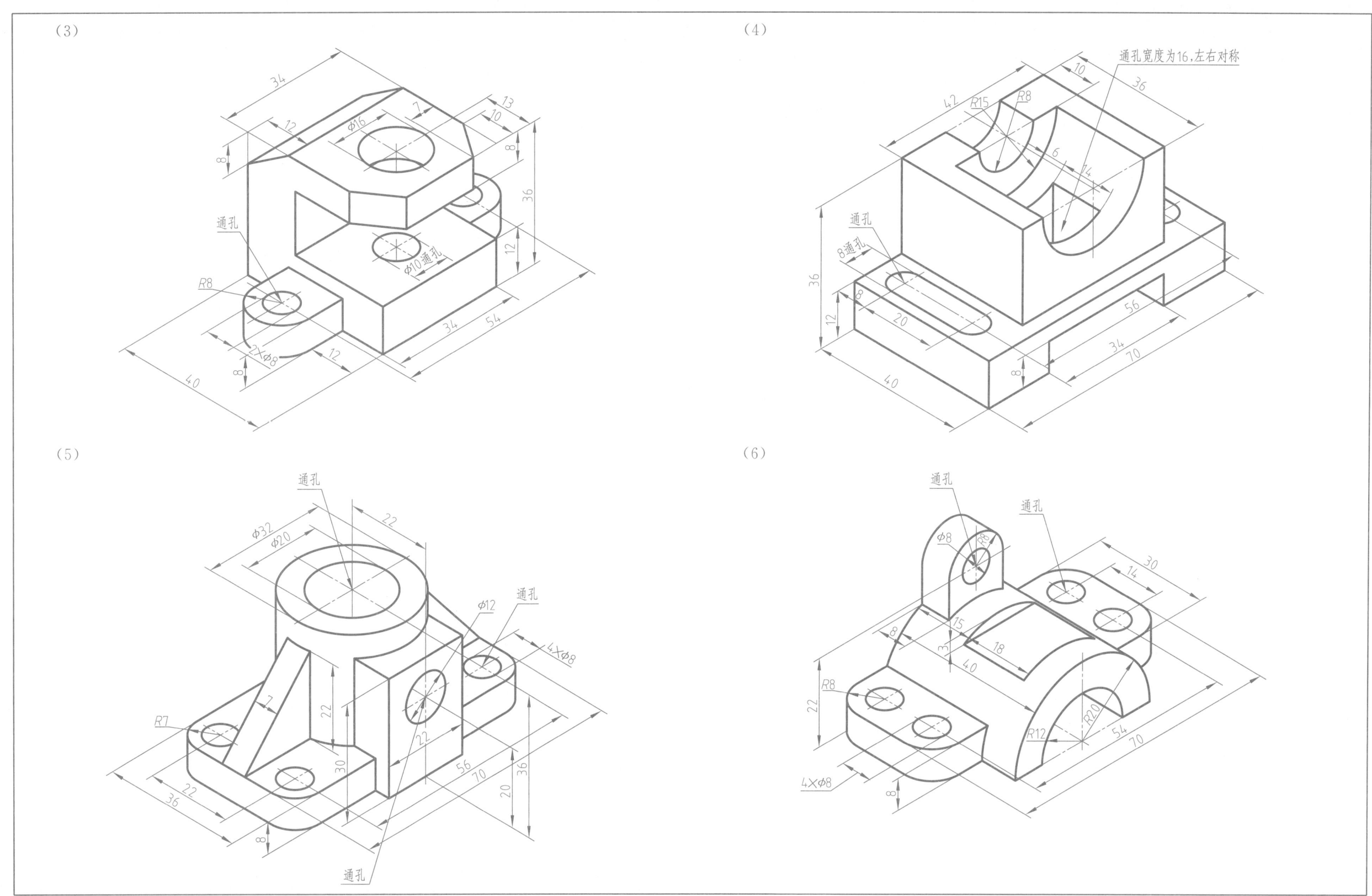

5-10　根据 43 页、44 页给出的组合体轴测图，教师指定其中两个形体，徒手绘制三视图

6-1　机件的表达方法的填空、选择题

（1）填空题

① 将机件向基本投影面投射所得的视图称为_____。基本视图一共有_____个。

② 基本视图的"三等关系"为_____、_____、_____。

③ 视图除基本视图外，还有_____、_____、_____。

④ 将机件向不平行于任何基本投影面的平面投射所得到的视图称为_____图。

⑤ 图样中一般采用视图表达机件的_____结构形状，而机件的内部结构形状则采用_____来表达。

⑥ 剖视图就是_____从机件适当位置将机件切开所画的正投影图。

⑦ 按剖切范围的大小来分，剖视图可分为_____、_____、_____三种。

⑧ 用剖切面完全地将机件剖开所得到的剖视图称为_____。

⑨ 当机件具有对称平面时，可将其一半画成视图，另一半画成剖视图，这样所得到的图形称为_____。

⑩ 半剖视图由于机件对称，其内部结构如果在剖开的视图中表达清楚，则在未剖开的半个视图中_____虚线。

⑪ 当机件外形比较简单，内部结构比较复杂，且又不对称时，常采用_____图来表达。

⑫ 剖切面有_____的剖切面、_____的剖切面和_____的剖切面。

⑬ 画阶梯剖视图在剖切平面转折处_____画线。

⑭ 用剖切面局部地剖开机件所得到的剖视图称为_____。

⑮ 剖视图的标注包括_____、_____、_____三部分内容。

⑯ 省略标注的剖视图，说明剖切平面通过机件的_____，且剖视图_____配置。

⑰ 剖切平面与机件接触的部分称为_____，机件中一般采用_____图表达机件的断面形状。

⑱ 断面图可分为_____和_____两种。

⑲ 移出断面和重合断面的主要区别是：移出断面画在视图_____，轮廓线用_____绘制；重合断面画在视图_____，轮廓线用_____绘制。

⑳ 采用_____图表达机件的局部细小结构。

（2）选择题

① 基本视图主要用于表达机件在基本投影方向上的（　　）形状。

A. 内部　　　　B. 外部　　　　C. 前后

② 基本视图中的后视图反映形体的（　　）尺寸。

A. 长和宽　　　　B. 长和高　　　　C. 高和宽

③ 旋转剖视图所用的剖切平面是（　　）的剖切面。

A. 单一　　　　B. 一组平行　　　　C. 两个相交

④ 画半剖视图时，应以（　　）作为视图与剖视图的分界线。

A. 粗实线　　　　B. 对称中心线　　　　C. 细实线

⑤ 视图中内、外形状都需表达，且机件不对称时，宜采用（　　）。

A. 半剖视图　　　　B. 局部剖视图　　　　C. 全剖视图

⑥ 剖视图中剖面线，一般应画成与主要轮廓线成（　　）的平行细实线。

A. 45°　　　　B. 30°　　　　C. 任意角度

⑦ 阶梯剖视图的剖切面是用（　　）的剖切面。

A. 单一　　　　B. 一组平行　　　　C. 两个相交

⑧ 将形体的某一部分剖开，所得的剖视图是（　　）。

A. 半剖视图　　　　B. 局部剖视图　　　　C. 断面图

⑨ 画在视图之外的断面图称为（　　）。

A. 移出断面　　　　B. 重合断面　　　　C. 中断断面

⑩ 移出断面的轮廓线用（　　）绘制。

A. 细实线　　　　B. 中实线　　　　C. 粗实线

6-2　视图

（1）已知主视图、俯视图和左视图，补画右视图、仰视图和后视图。

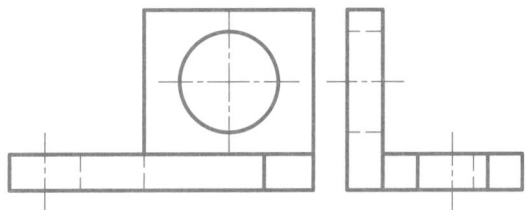

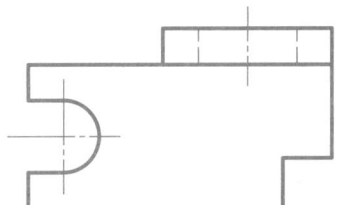

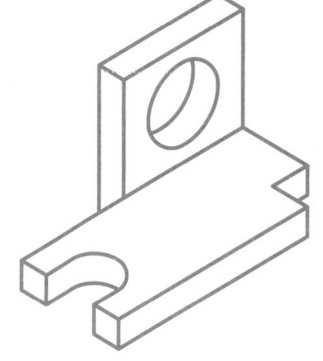

（2）读懂机件的两视图，作出机件的 A 向、B 向局部视图。

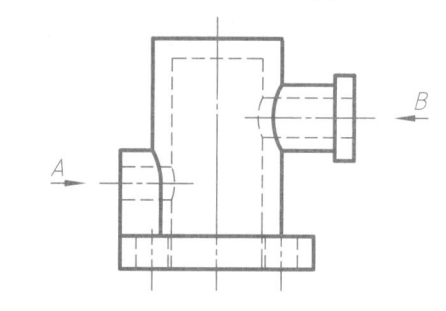

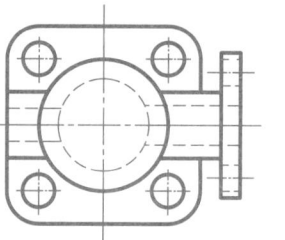

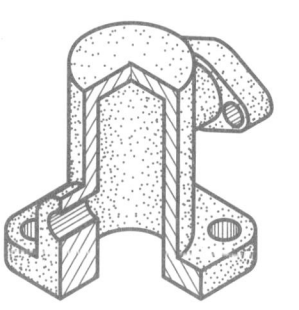

（3）已知主视图、俯视图，画出机件的 A 向局部视图和 B 向斜视图。

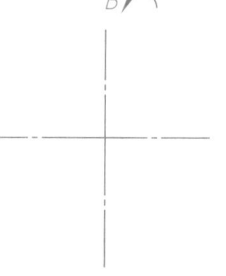

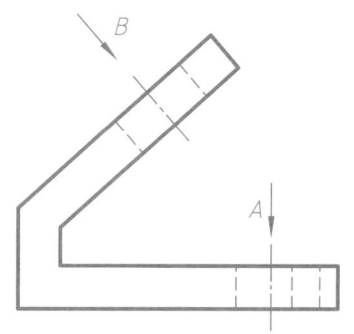

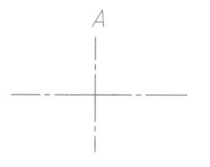

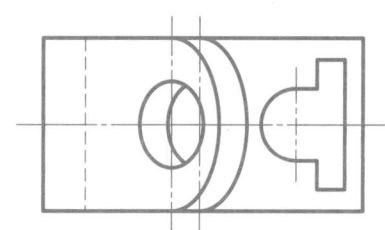

6-3　补画下列剖视图中所缺图线

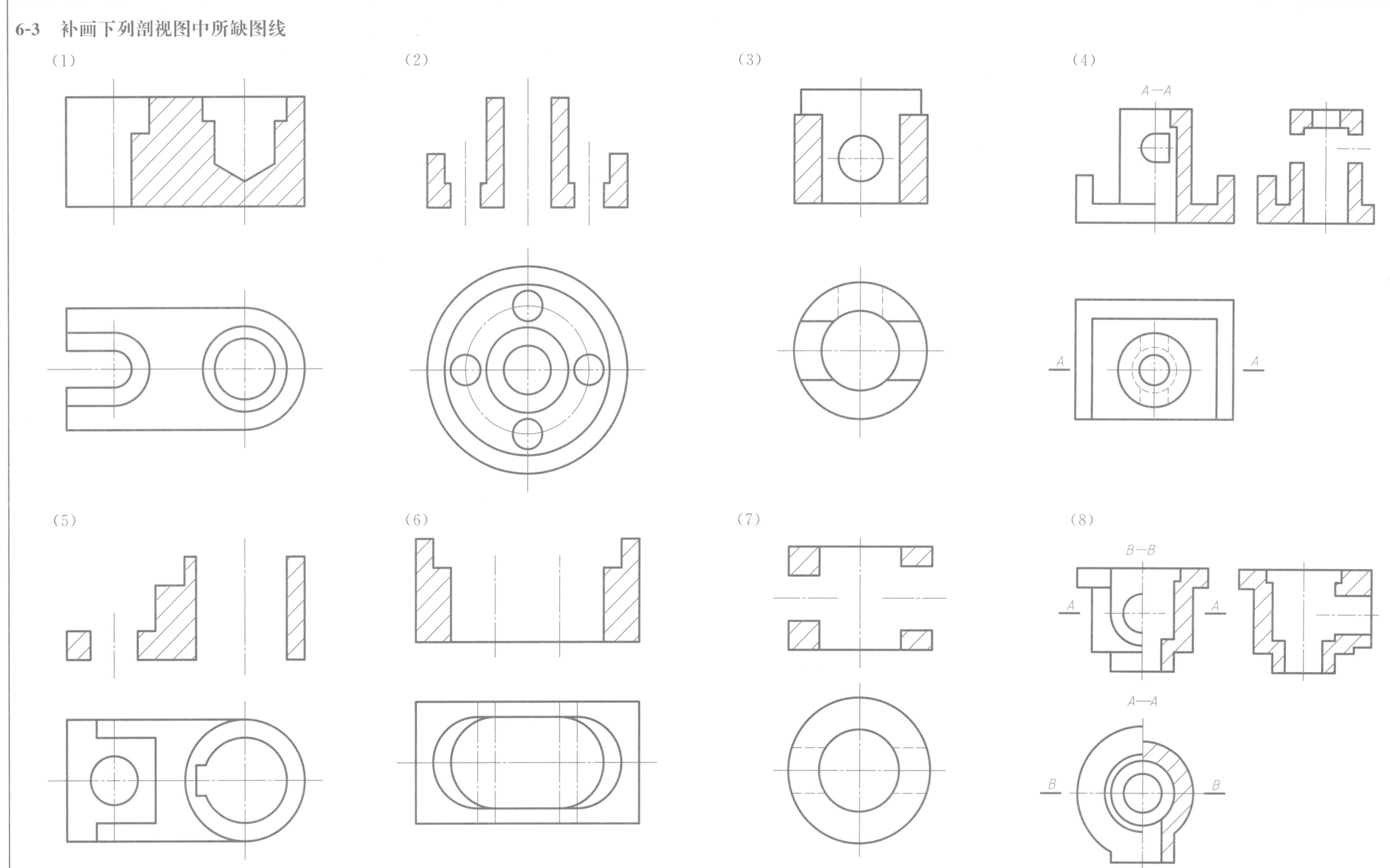

（1）　（2）　（3）　（4）

（5）　（6）　（7）　（8）

6-4　在指定位置将下列机件的主视图改画成全剖视图

（1）　　　　　　　　　　（2）　　　　　　　　　　（3）　　　　　　　　　　（4）

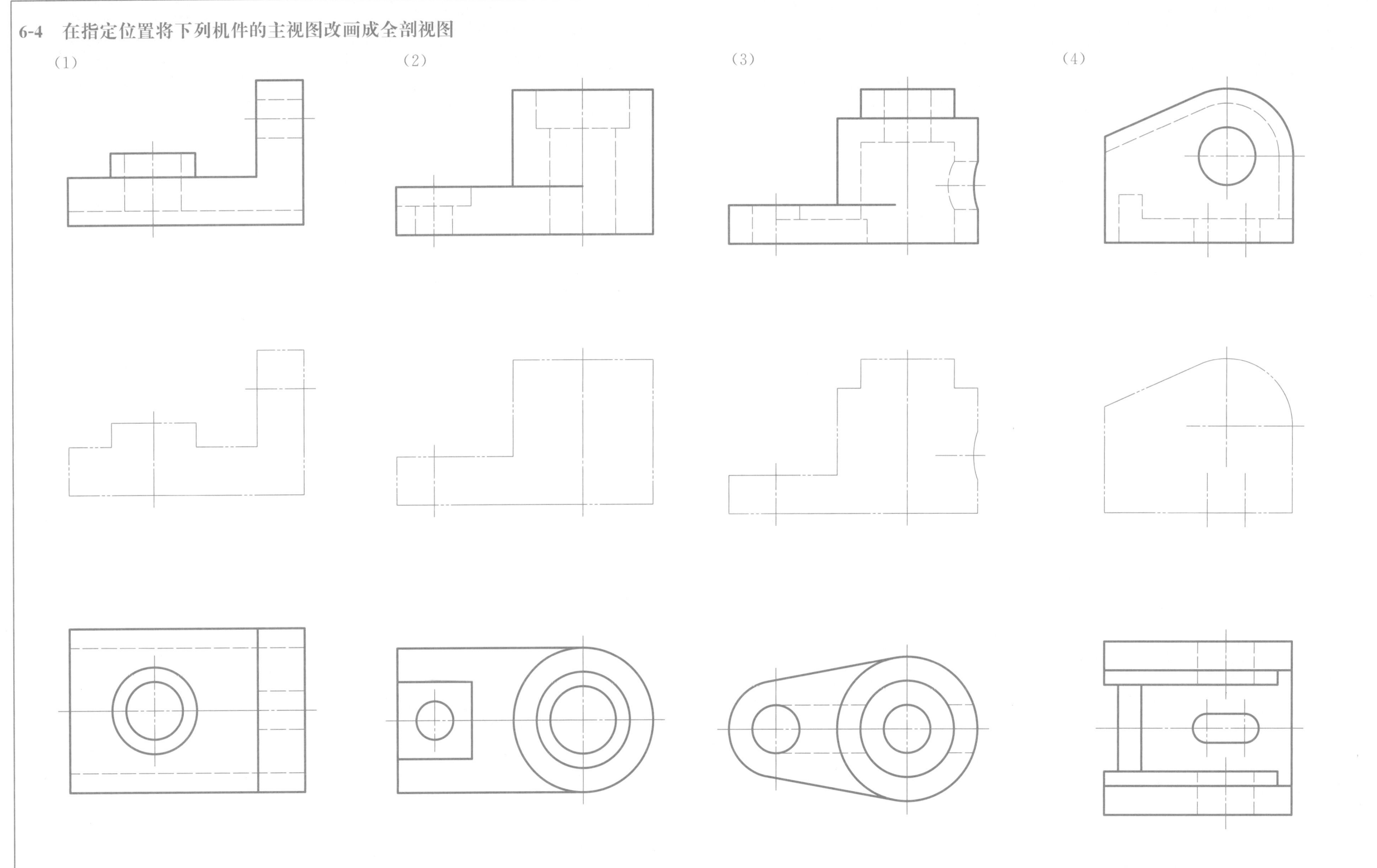

6-5　在指定位置将下列机件的主视图改画成半剖视图

（1）

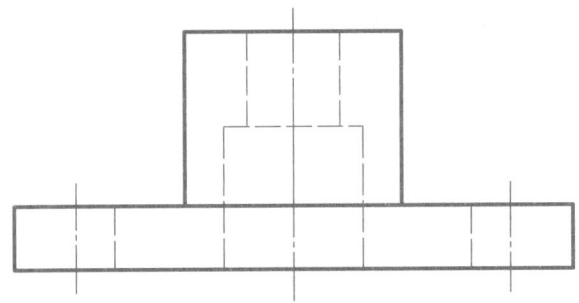

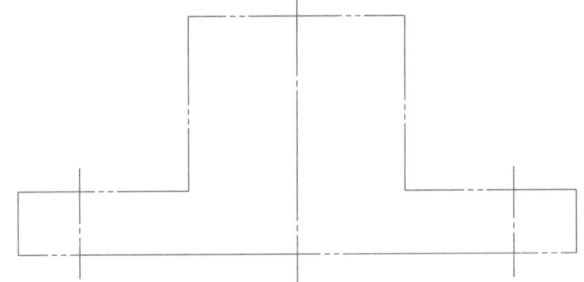

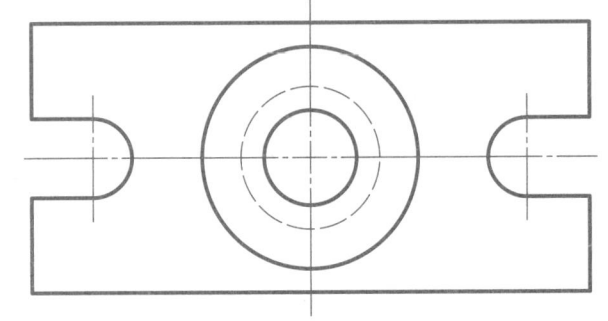

（2）

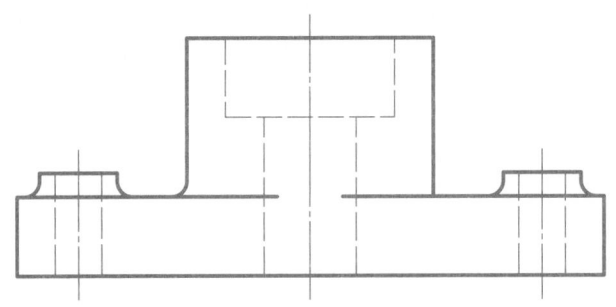

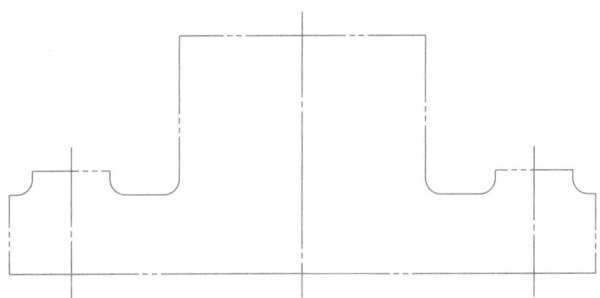

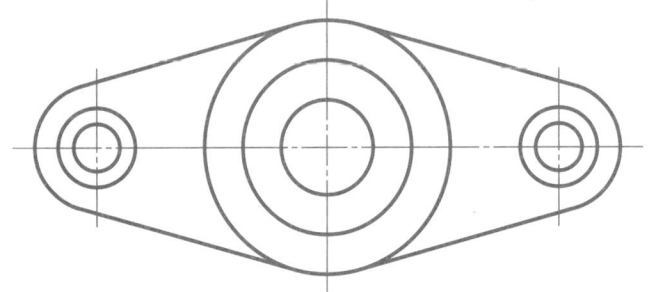

（3）

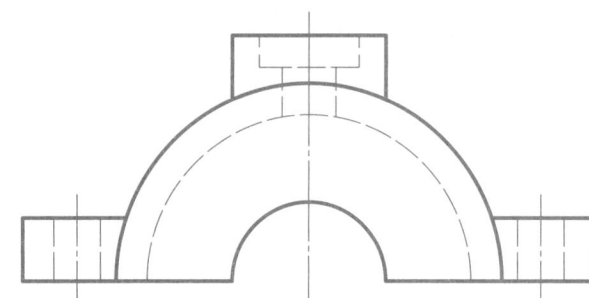

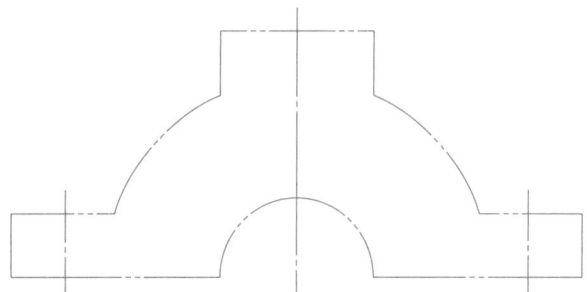

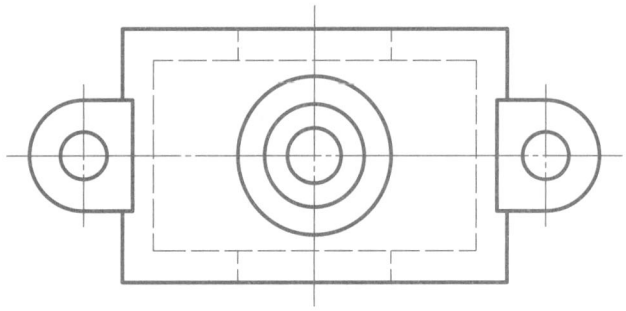

6-6　在指定位置完成半剖的主视图，求作全剖的左视图

（1）

（2）

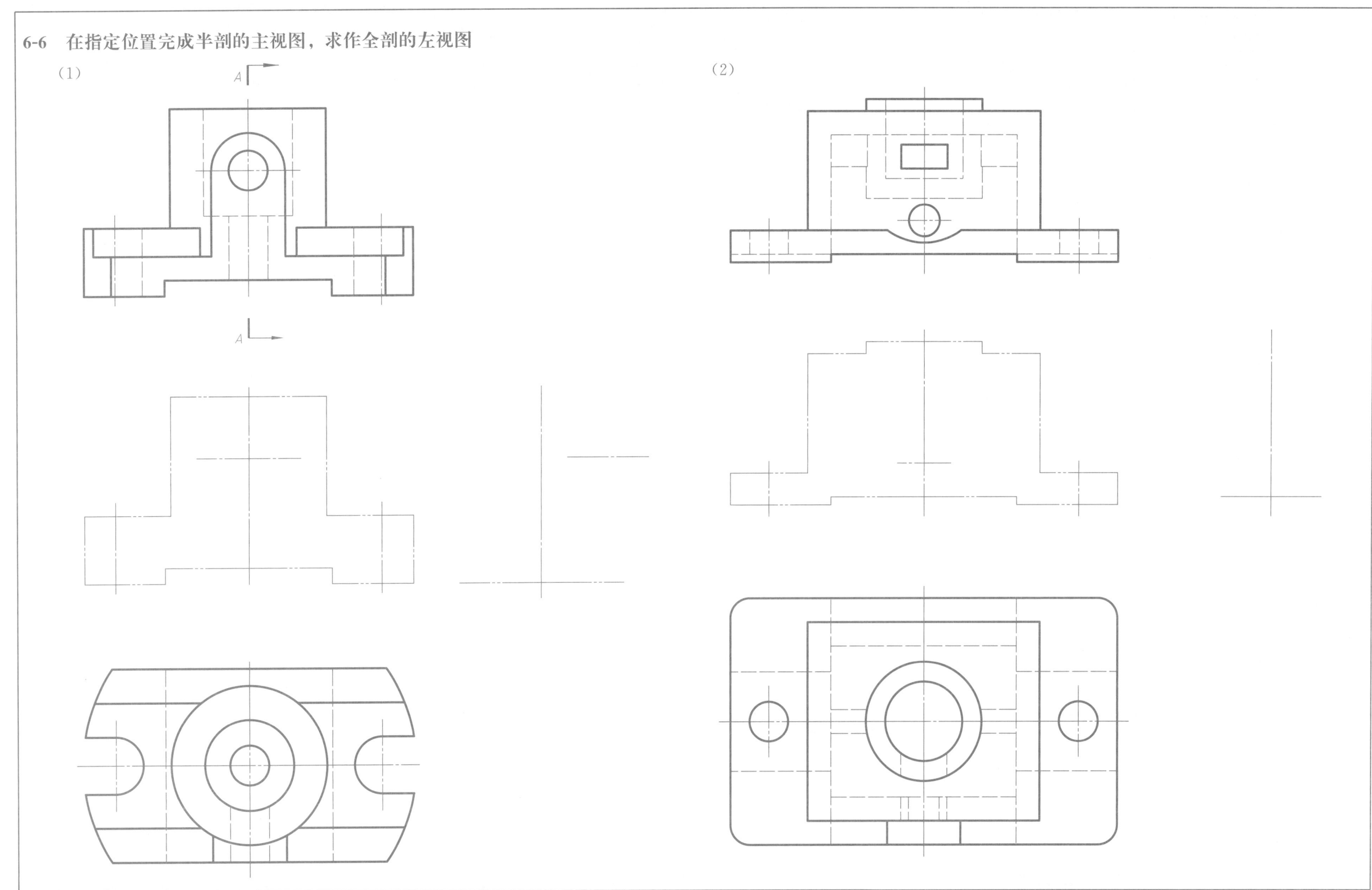

6-7　将视图改画成局部剖视图（不画虚线）

（1）

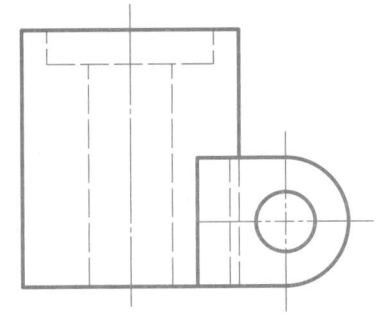 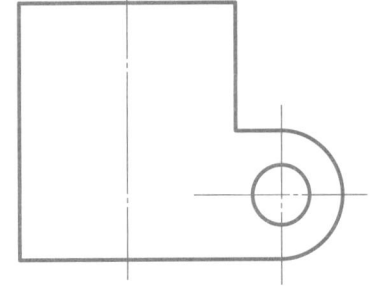

6-8　根据已知视图，在指定位置画出 B—B 斜剖视图

（1）

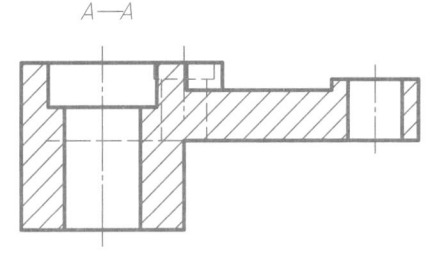

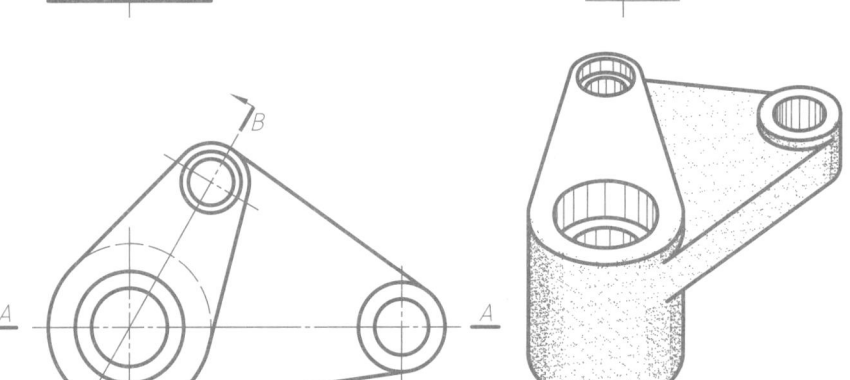

（2）

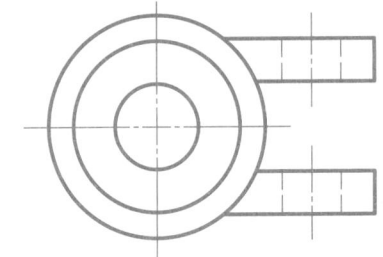 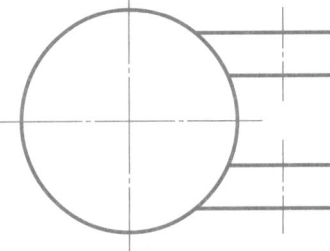

（2）

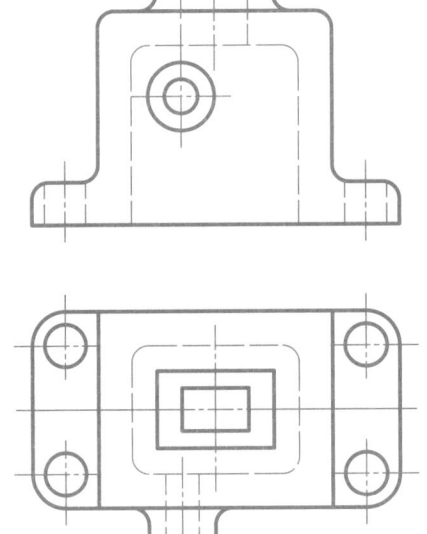 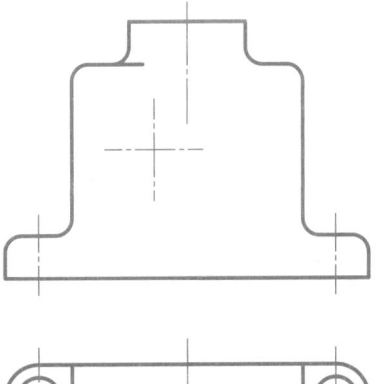 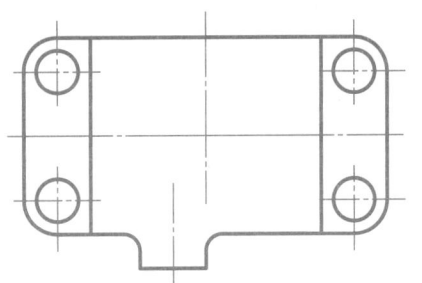

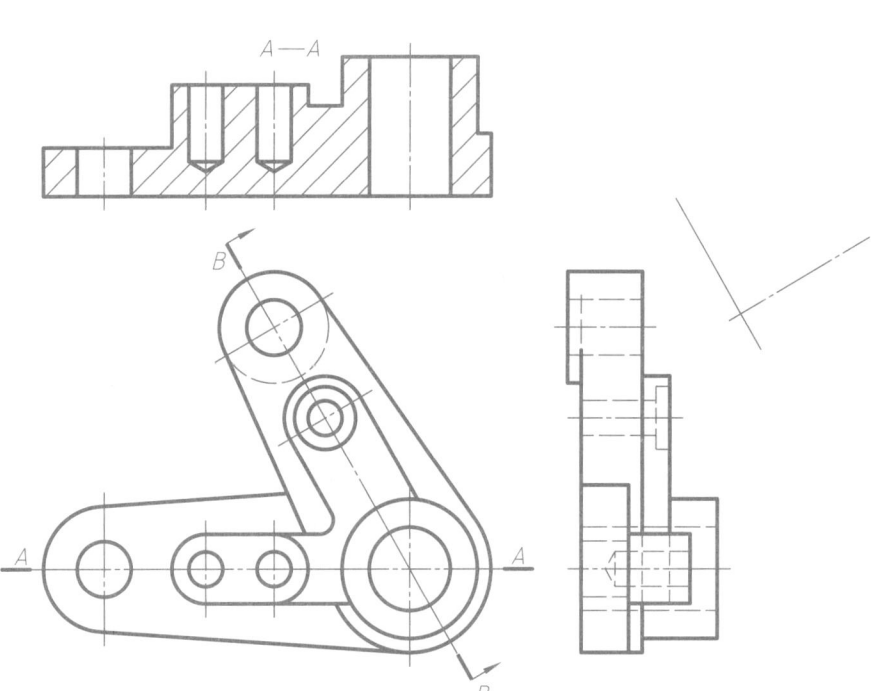

6-9　在适当位置将机件的主视图画成阶梯全剖视图，并标注

（1）

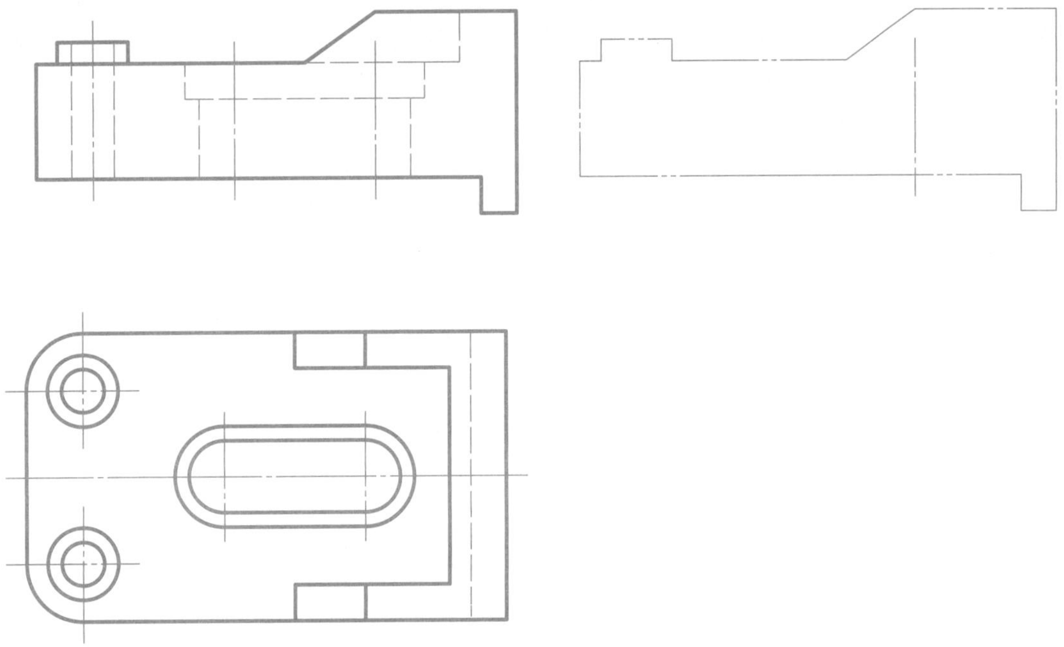

（2）

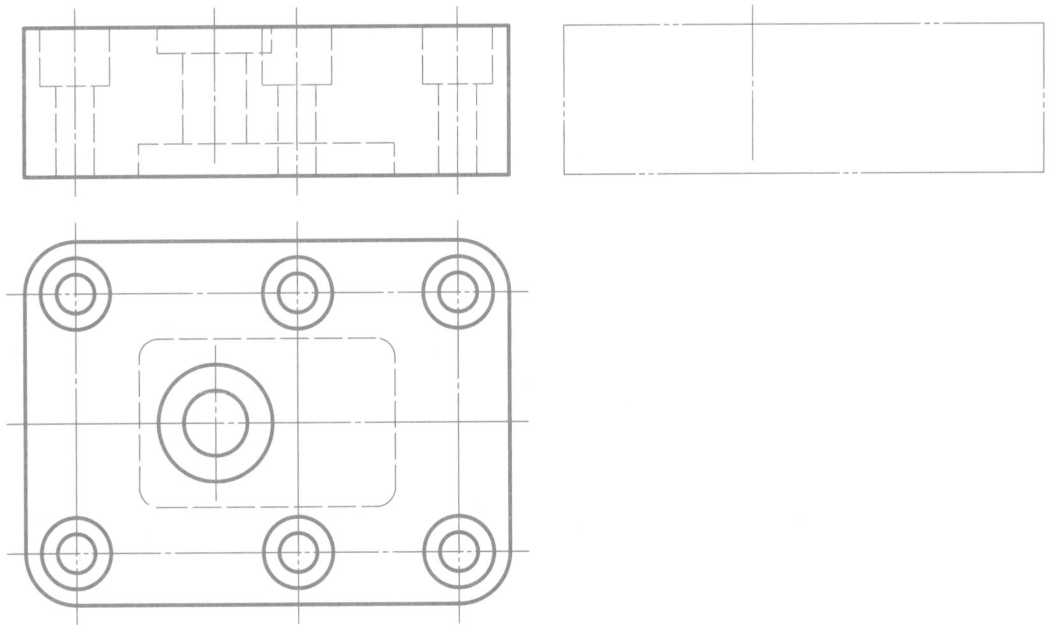

6-10　在指定位置画出旋转全剖视图，并标注

（1）

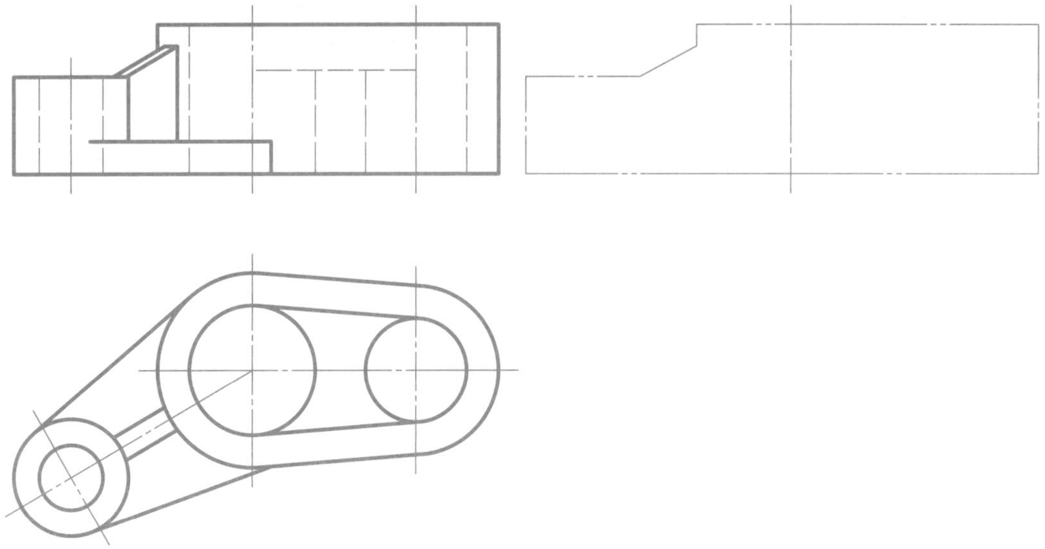

（2）

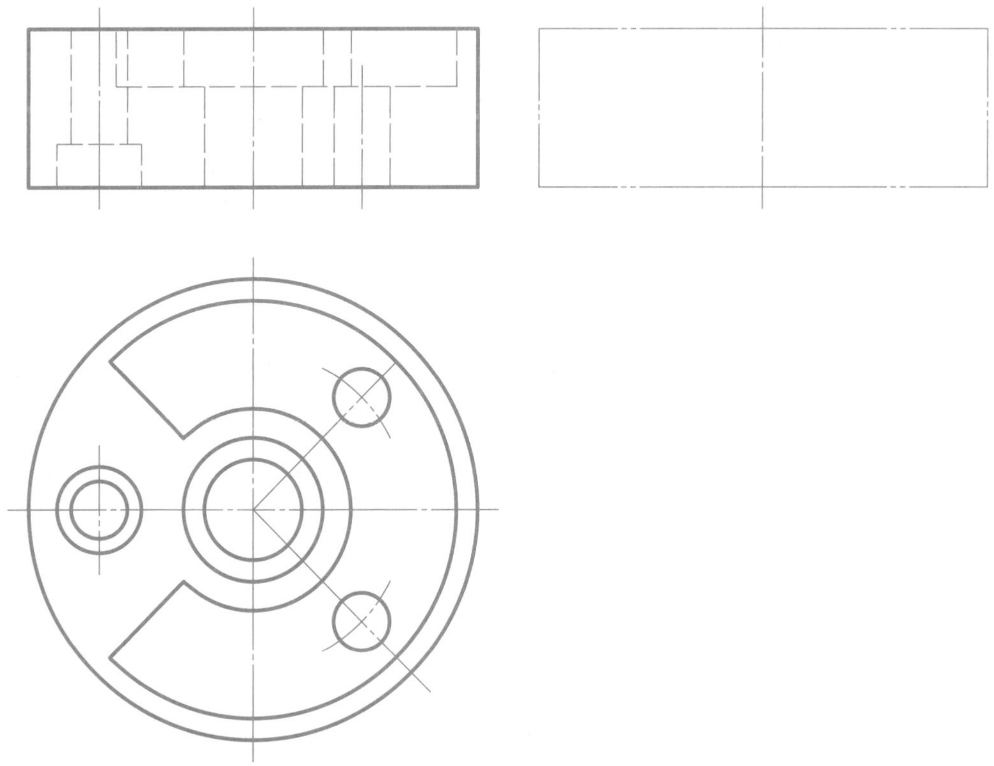

6-11　断面图及其他表达方法

（1）在指定位置画出阶梯轴移出断面图（左键槽深 4mm，右键槽深 3mm），**并标注。**

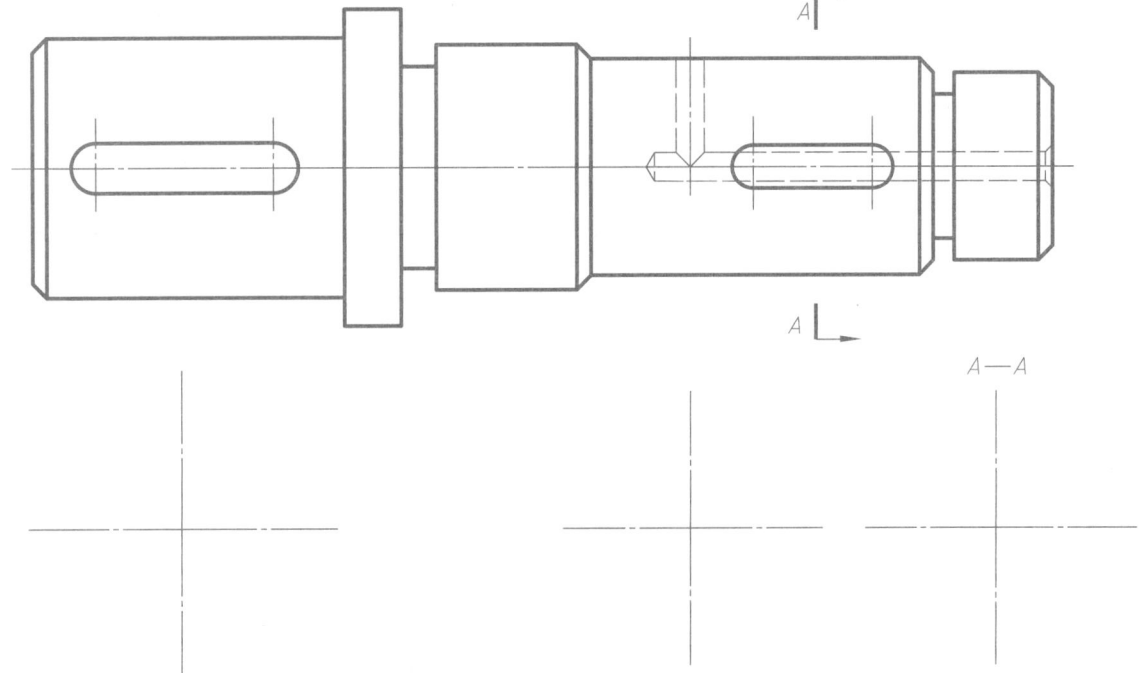

$A-A$

（2）在指定位置画出正确的剖视图。

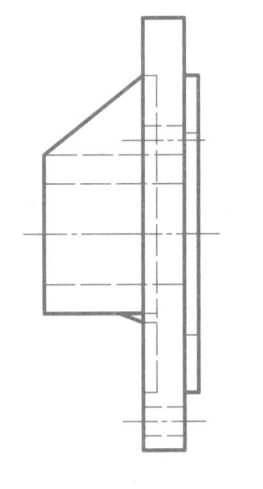
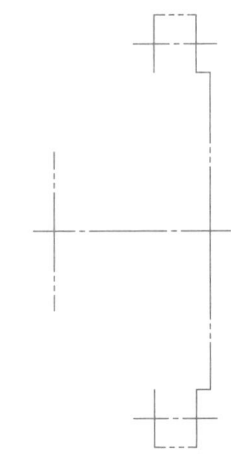
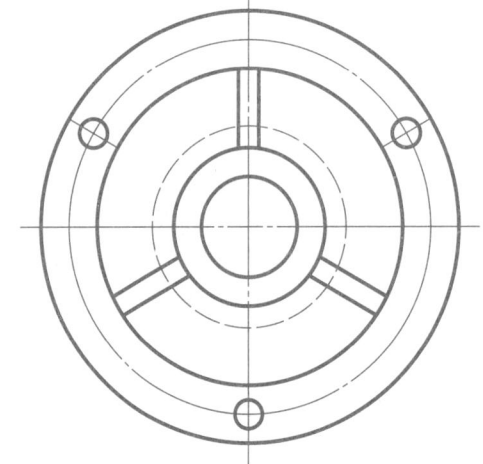

（3）在指定位置画出全剖主视图和断面图。

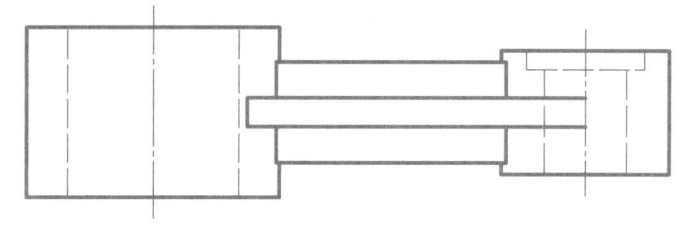

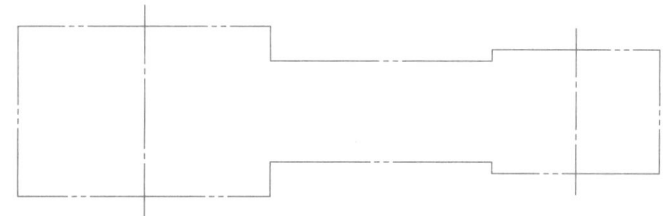

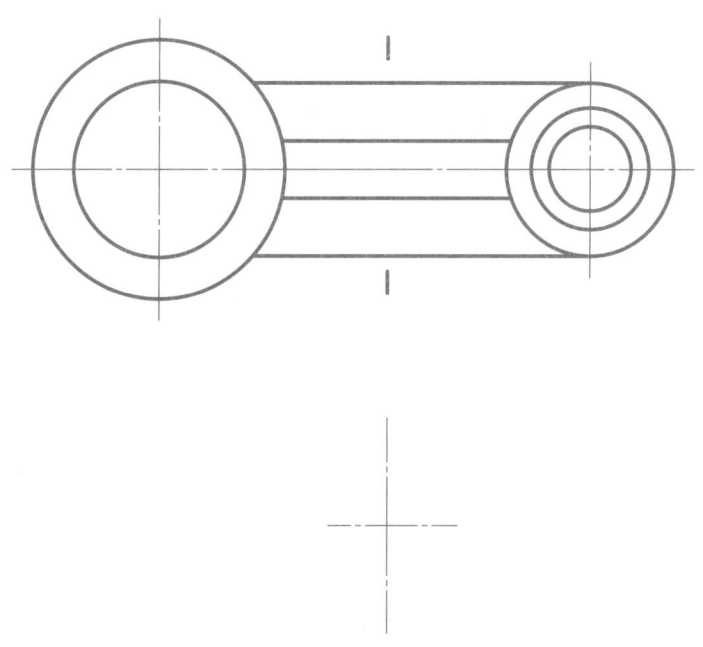

6-12　选择正确的剖视图

（1）已知物体的主、俯视图，请选择正确的左视图（　　）。

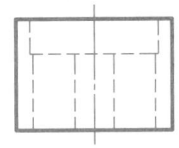 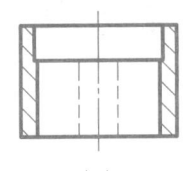 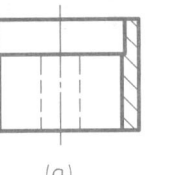 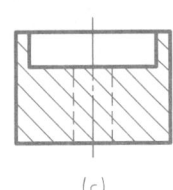 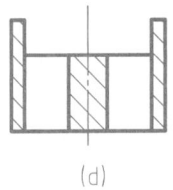

　　　　　　　　（a）　　　　（b）　　　　（c）　　　　（d）

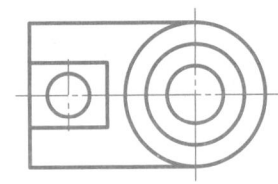

（2）请选择一组正确的局部剖视图（　　）。

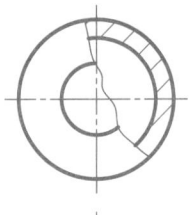 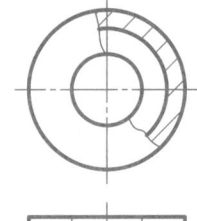 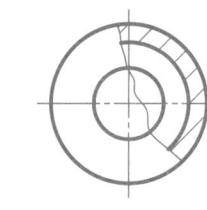 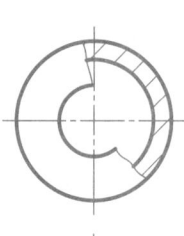

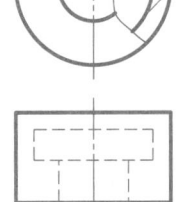 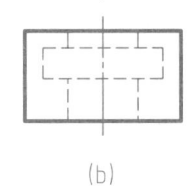 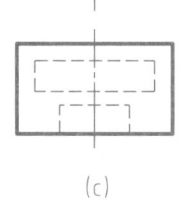 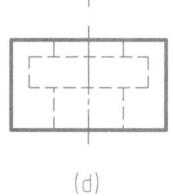

　　（a）　　　　　　（b）　　　　　　（c）　　　　　　（d）

（3）已知物体的俯视图，请选择正确的主视图（　　）。

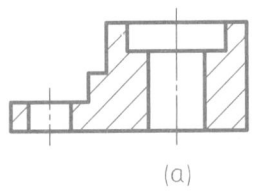 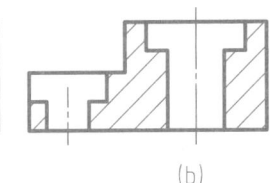 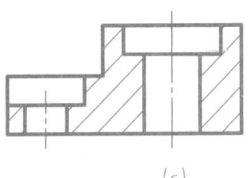 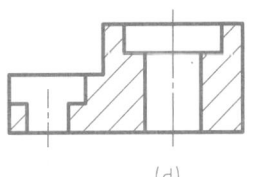

　（a）　　　　　（b）　　　　　（c）　　　　　（d）

（4）已知物体的主、俯视图，右侧四个全剖的主视图中正确的是（　　）。

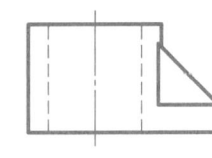 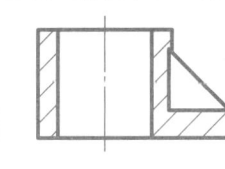 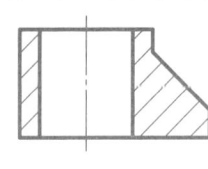 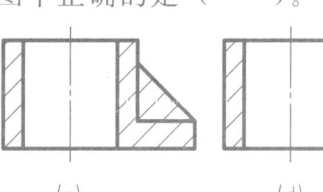

　（a）　　　　（b）　　　　（c）　　　　（d）

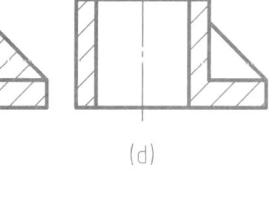

（5）请选择正确的断面图（　　）。

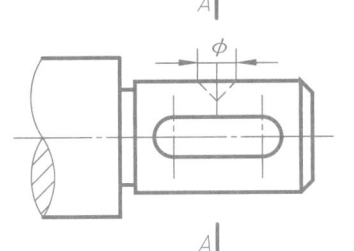

  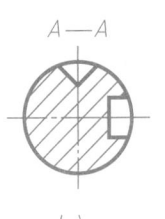 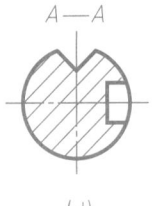

　A—A　　　A—A　　　A—A　　　A—A

　（a）　　　（b）　　　（c）　　　（d）

（6）请选择正确的断面图（　　）。

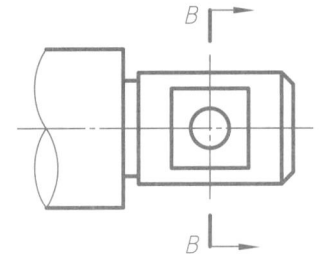

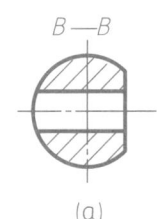  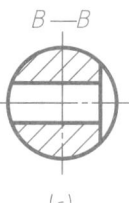 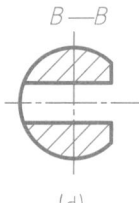

　B—B　　　B—B　　　B—B　　　B—B

　（a）　　　（b）　　　（c）　　　（d）

6-13 综合举例

表达方法综合练习作业指导

（1）目的要求

① 熟悉视图、剖视图、剖面图、简化画法等各种表达方法。

② 学习综合运用各种表达方法明确地表达机件的形体结构。

③ 熟悉剖视图尺寸标注的方法。

（2）内容和格式

本作业有两个分题，可选作一个或两个。要求根据所给的视图，想象出空间形体，然后综合运用各种表达方法正确地表达出该机件的结构，视图数量及表达方案可重新考虑，不受原视图的限制，并要求在视图上标注尺寸。

本作业采用 A3 图幅，图名为"剖视图"，图号为 03，比例为 1∶1。

（3）绘图步骤与注意事项

① 先画图框和标题栏，然后按考虑好的视图表达方案，定出各视图的中心线或作图基准线。

② 按事先考虑的表达方案画各视图。画剖视图的底稿时，应把多余的虚线或已剖去的外形轮廓线省去不画，以节省时间和保持图面整洁。

③ 半剖视图应以对称中心线为界，局部剖视图以波浪线为界，并注意该剖视图的标注是否可省略。

④ 标注尺寸。初学阶段应先打好底稿，要求尺寸完整、清晰、不重复、不遗漏，尺寸线布置要均匀，半剖视图中因一侧省略虚线而无法画出箭头时，应将尺寸线略超过中心线。

⑤ 底稿经检查无误后，应按正确步骤依次加深各类图线，并做到线型分明，符合制图标准规定。

⑥ 最后书写文字。尺寸数字用规定字体书写，汉字应采用长仿宋体。建议标题栏中图名、校名字高用 7mm，其他汉字字高用 5mm，尺寸数字用 3.5mm。要求字体端正、笔画清楚、排列整齐、间隔均匀。

（1）

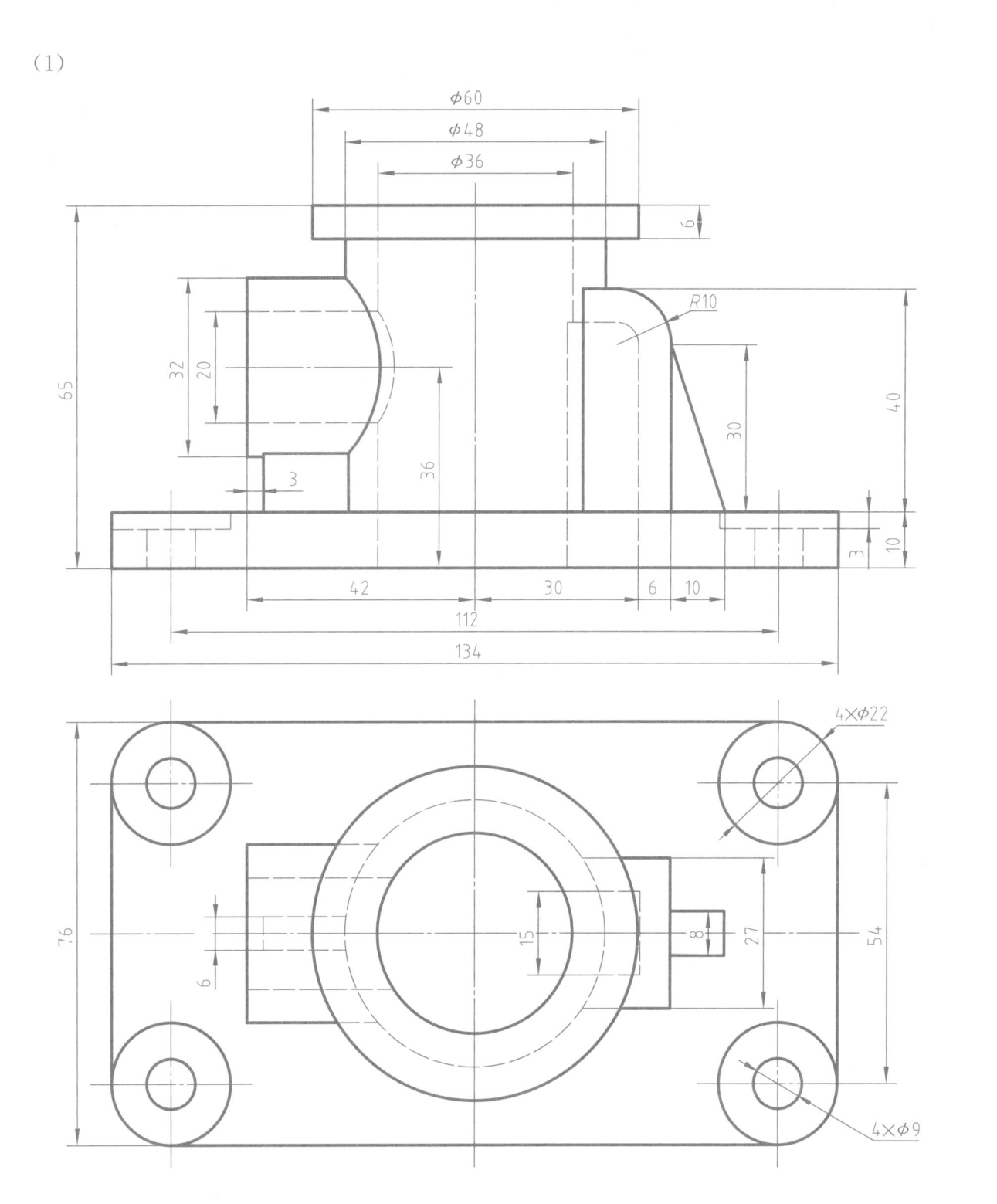

（2）

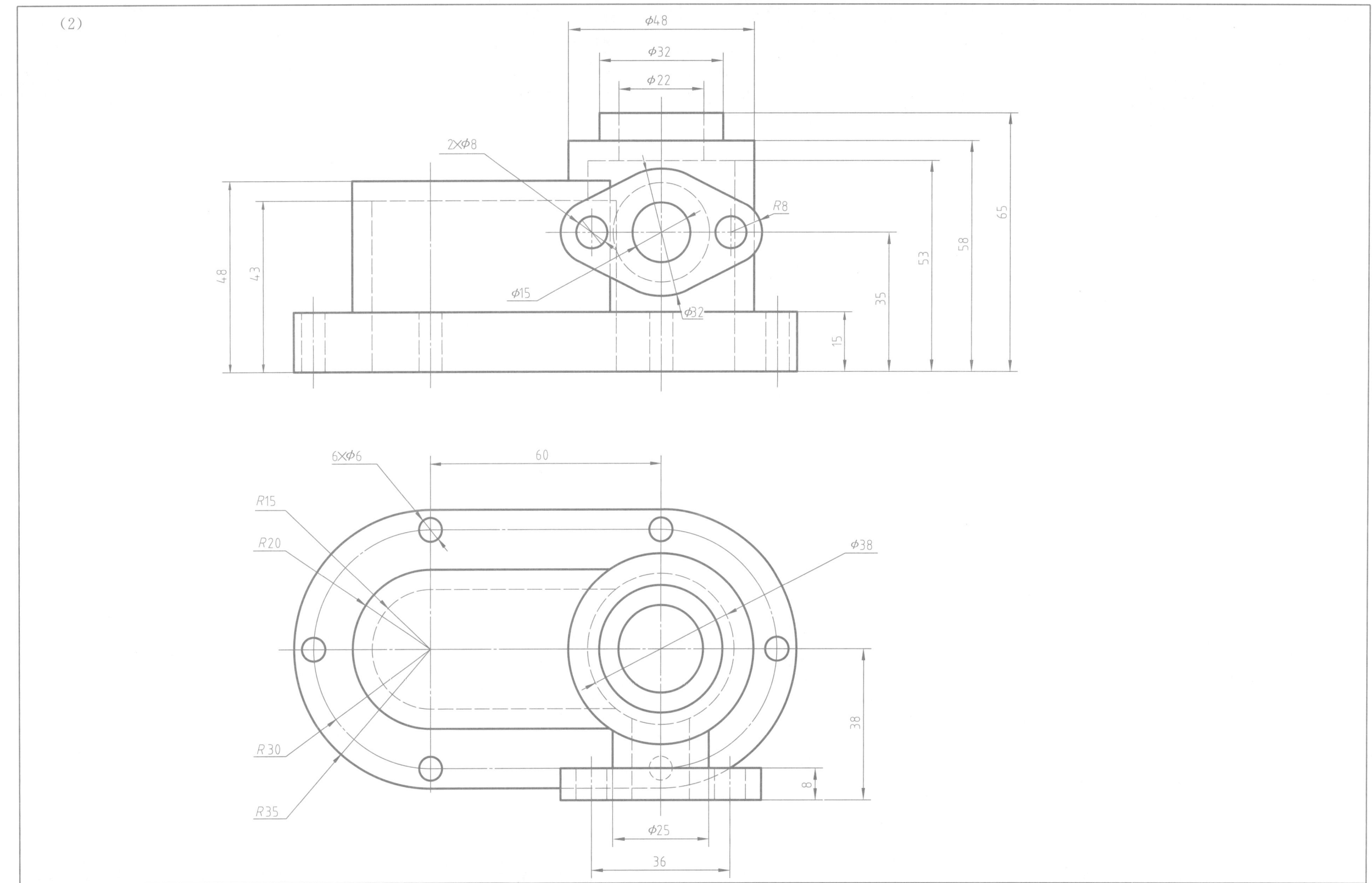

7-1　标准件与常用件的填空、选择题

(1) 填空题

① 螺纹按用途的不同，可分为_____和_____。

② 在圆柱或圆锥外表面上形成的螺纹称为_____，在圆柱或圆锥内孔表面上所形成的螺纹称为_____。

③ 螺纹的直径有_____、中径和小径三种，一般情况下，螺纹的公称直径为_____。

④ 螺纹有_____和多线之分，沿一条螺旋线所形成的螺纹，称为_____。

⑤ 螺距 P、导程 P_h、线数 n 的关系是_____，对于单线螺纹_____。

⑥ 螺纹的要素有牙型、直径、_____、_____和旋向。当内、外螺纹旋合连接时，上述五要素必须相同。

⑦ 外螺纹的大径用_____绘制；内螺纹的大径用_____绘制。

⑧ 普通螺纹的特征代号为_____。

⑨ 管螺纹的公称直径是管子的孔径，因此管螺纹必须采用_____标注。

⑩ M20×1.5 表示是_____螺纹，公称直径为_____，螺距为_____，旋向为_____。

⑪ 常用的螺纹紧固件有_____、_____、_____、_____、_____五种。

⑫ 螺纹紧固件连接的基本形式有_____、_____和螺钉连接。

⑬ 常用键的种类有_____、_____和钩头楔键等。

⑭ 圆锥销的公称直径为_____直径。

⑮ 已知一直齿轮的模数为 3，其齿顶高为_____，齿根高为_____。

⑯ 直齿圆柱齿轮分度圆直径 $d=105mm$，齿数 $z=35$，则齿轮模数 m 为_____。

⑰ 齿轮传动按两轴的相对位置不同，可分为三类：圆柱齿轮用于两轴_____时传动；圆锥齿轮用于两轴_____时传动；蜗轮蜗杆用于两轴_____时传动。

⑱ 绘制轴承时，其内圈与外圈的剖面线方向和间隔应_____。

⑲ 轴承 6208 的轴承类型是_____，尺寸系列为_____，内径等于_____。

⑳ 常见弹簧种类有_____、_____、_____。

(2) 选择题

① 绘制螺纹连接时，表示内、外螺纹大、小径的粗、细实线应（　　）。

A. 分别对齐　　　　　B. 分别错开　　　　　C. 都可以

② 内螺纹的公称直径是（　　）。

A. 螺纹大径　　　　　B. 螺纹小径　　　　　C. 螺纹中径

③ 梯形螺纹的标记代号为（　　）。

A. M　　　　　　　　B. Tr　　　　　　　　C. B

④ 用螺栓连接的两个零件应加工成（　　）。

A. 光孔　　　　　　　B. 螺孔　　　　　　　C. 一光孔，一螺孔

⑤ 用于螺柱连接的两个零件应加工成（　　）。

A. 光孔　　　　　　　B. 螺孔　　　　　　　C. 一光孔，一螺孔

⑥ 对于渐开线标准直齿圆柱齿轮，下列说法正确的是（　　）。

A. 齿顶高大于齿根高　B. 齿顶高小于齿根高　C. 齿顶高等于齿根高

⑦ 直齿圆柱齿轮模数 $m=2mm$，齿数 $z=20$，则齿轮分度圆直径 d 为（　　）。

A. 20mm　　　　　　B. 40mm　　　　　　C. 10mm

⑧ 圆锥销的公称直径是指（　　）。

A. 小端直径　　　　　B. 大端直径　　　　　C. 平均直径

⑨ 滚动轴承 6206，其轴承类型为（　　）。

A. 深沟球轴承　　　　B. 角接触球轴承　　　C. 圆锥滚子轴承

⑩ 绘制轴承时，其内、外圈的剖面线方向和间隔应（　　）。

A. 相同　　　　　　　B. 相反　　　　　　　C. 任意

7-2　根据螺纹的规定画法，选择正确的答案

（1）关于外螺纹的四种左视图，正确的是（　　）。

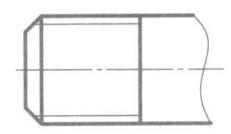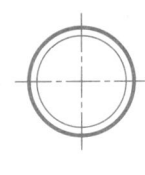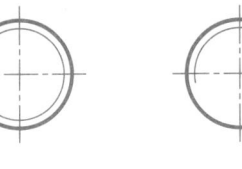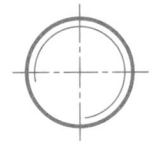

(a)　　(b)　　(c)　　(d)

（4）外螺纹的尺寸注法，正确的是（　　）。

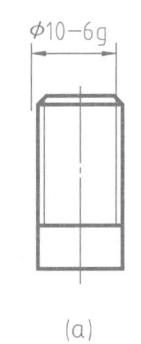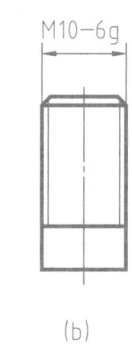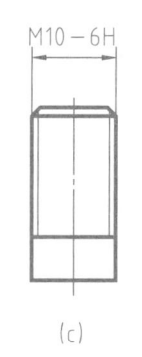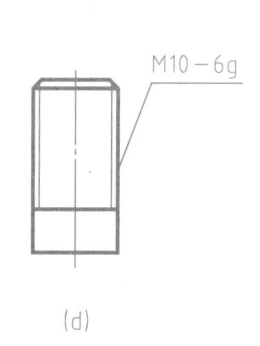

(a)　　(b)　　(c)　　(d)

（2）关于内、外螺纹的画法，正确的是（　　）。

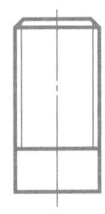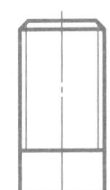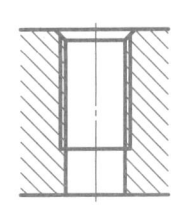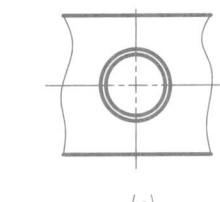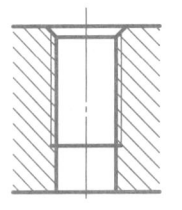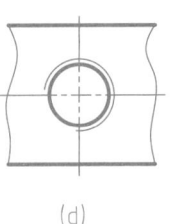

(a)　　(b)　　(c)　　(d)

（5）关于螺孔与和它正交的圆孔相贯线的画法，正确的是（　　）。

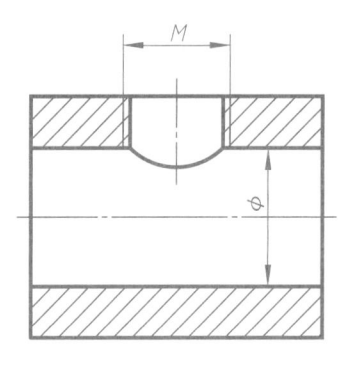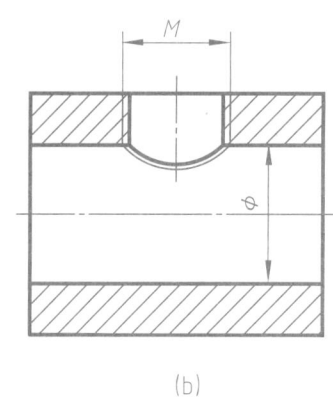

(a)　　　　(b)

（3）关于不通螺纹的四种画法，正确的是（　　）。

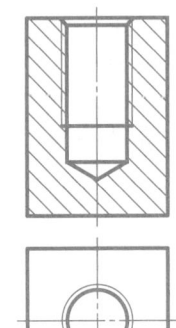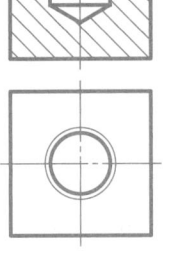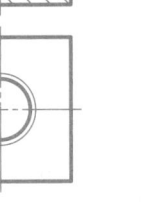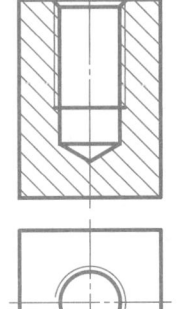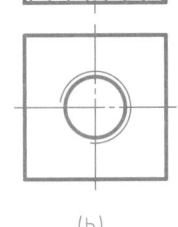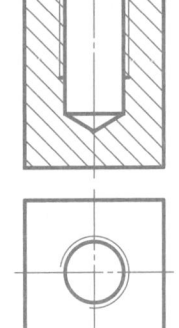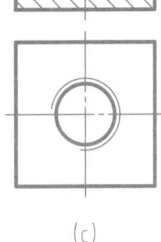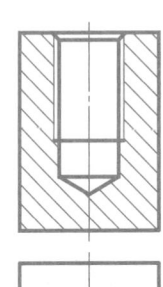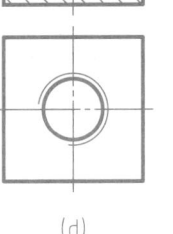

(a)　　(b)　　(c)　　(d)

（6）关于螺杆与螺孔装配图的画法，正确的是（　　）。

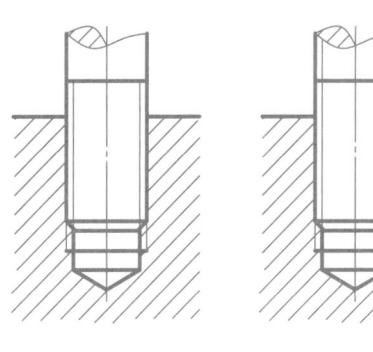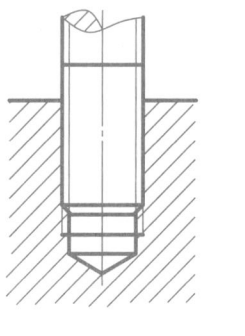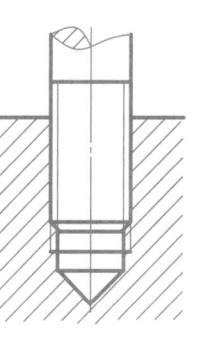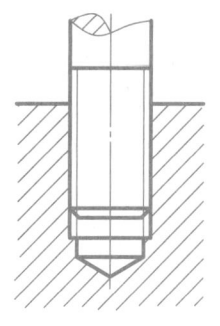

(a)　　(b)　　(c)　　(d)

7-3　螺纹及螺纹紧固件

（1）螺纹的画法

① 画出公称直径为 20、螺杆长度为 40、螺纹长度为 30、螺纹倒角为 C2 的外螺纹的主、左视图。

② 在钢板左侧钻一螺孔，螺孔深为 30，钻孔深为 40，螺纹公称直径为 20，螺纹倒角为 C2，画出其主、左视图，要求主视图画成全剖视图。

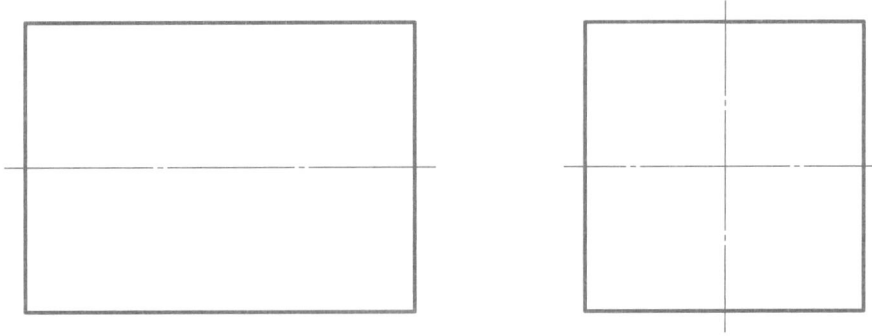

③ 将①的外螺纹掉头旋入②的内螺孔，旋合长度为 20，要求主、左视图画成全剖视图。

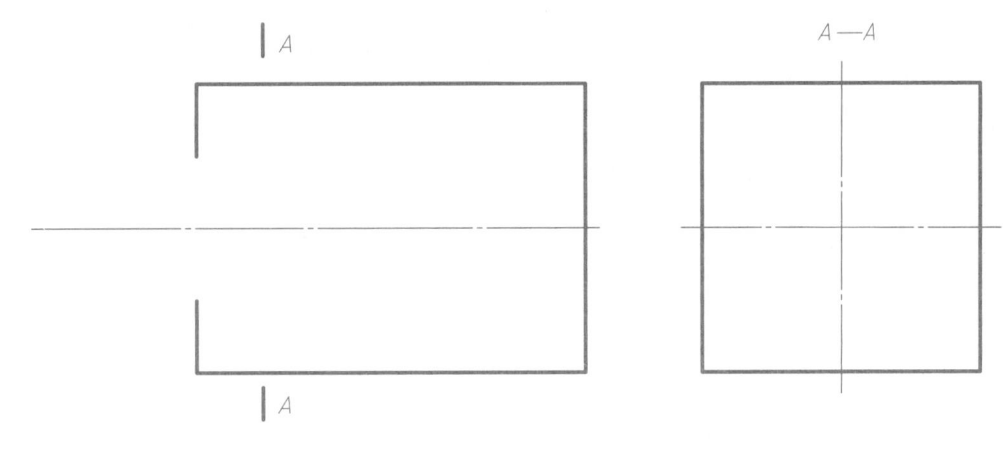

（2）螺纹的标记

① 细牙普通螺纹，大径 20，螺距 1.5，左旋，螺纹公差带，中径为 5g，大径为 6g。

② 粗牙普通螺纹，大径 20，螺距 2.5，右旋，螺纹公差带，中径、小径均为 6H。

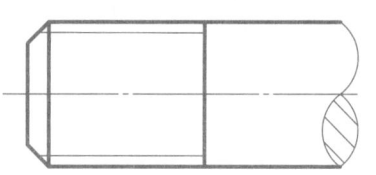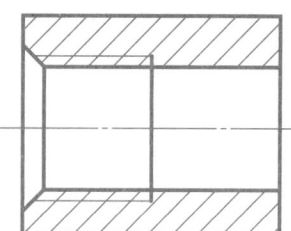

③ 细牙普通螺纹，公称直径 20，螺距 1，螺纹公差带，外螺纹为 6f，内螺纹为 7H。

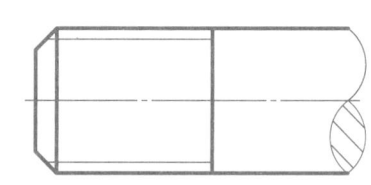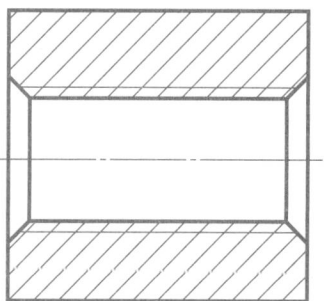

④ 非螺纹密封的管螺纹，公称直径 3/4in，公差等级为 A 级，右旋。

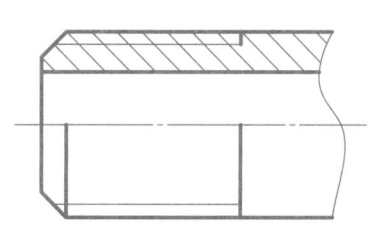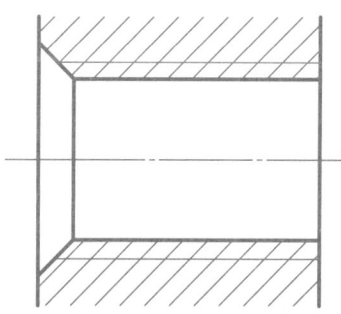

⑤ 已知下列螺纹代号，试识别其意义并填表。

螺纹代号	螺纹种类	大径	螺距	导程	线数	旋向	公差带或等级	旋合长度
M20-5g6g-s								
M20×1 LH-6H								
Tr50×24（P8）-8e-L								
G1 A								—

7-4 找出螺栓、螺柱及螺钉连接图中的错误，将正确的图形画在右边指定的位置

（1）螺栓连接

（2）螺柱连接

（3）螺钉连接

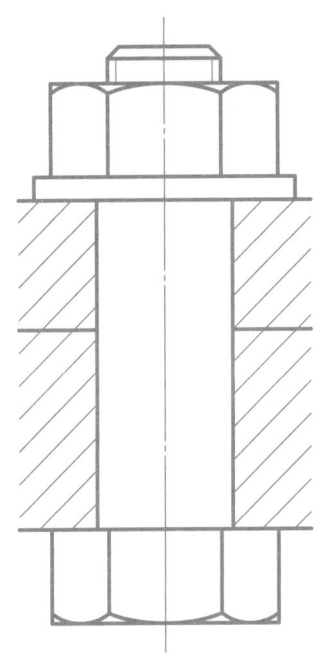

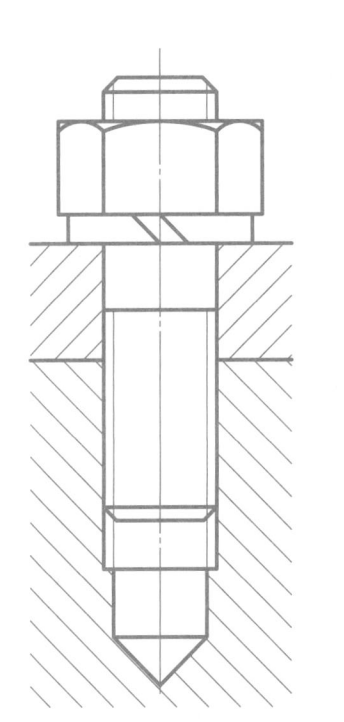

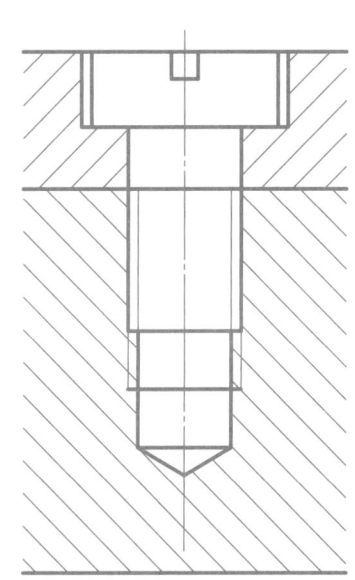

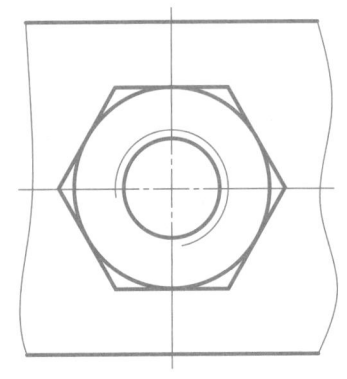
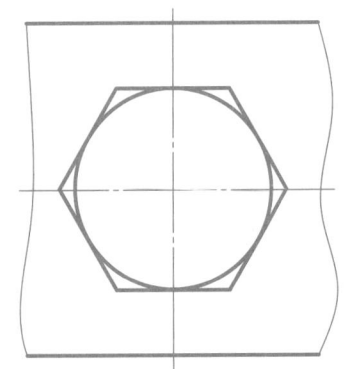

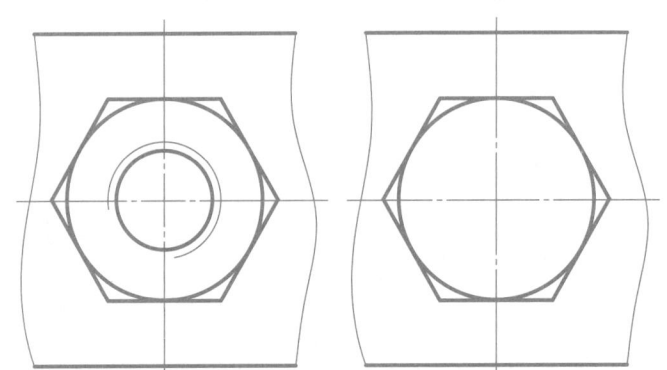

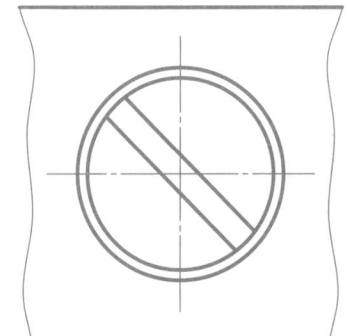
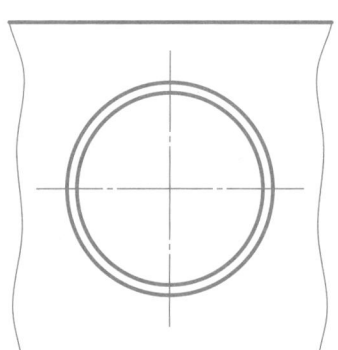

7-5　齿轮

（1）已知：一平板形渐开线标准直齿圆柱齿轮的模数 $m=3$，齿数 $z=25$。

　　要求：① 列出计算公式，算出齿顶圆直径 d_a、分度圆直径 d、齿根圆直径 d_f 及齿顶高 h_a、齿根高 h_f、齿高 h；

　　② 补全齿轮的两视图。

（2）已知：模数 $m=3$，齿数 $z_1=15$，$z_2=30$。

　　要求：① 按规定画法画出一对平板形渐开线标准直齿圆柱齿轮啮合的两视图，主视图全剖，左视图外形；

　　② 计算下列参数。

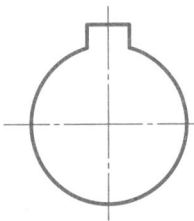
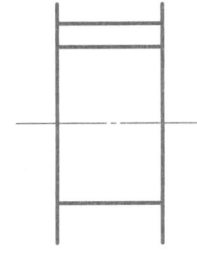

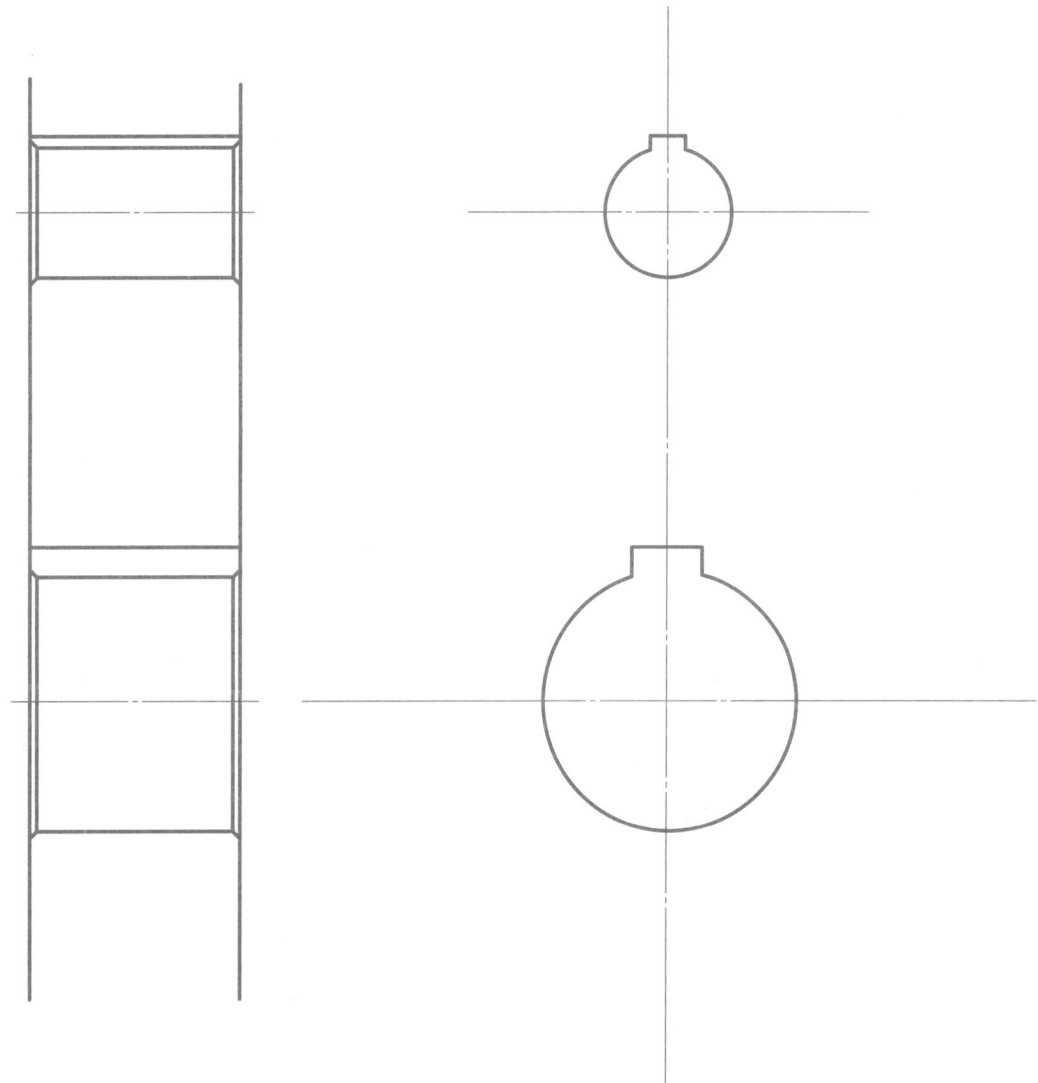

齿轮参数：

$d=$　　　　　　$h_a=$

$d_a=$　　　　　$h_f=$

$d_f=$　　　　　$h=$

齿轮参数：

$d_1=$　　　　$d_{f1}=$　　　　$d_{a1}=$

$d_2=$　　　　$d_{f2}=$　　　　$d_{a2}=$

$i=$

7-6　键与销

（1）键
① 画出轴的断面图 $A—A$，并查表注全键槽的尺寸。

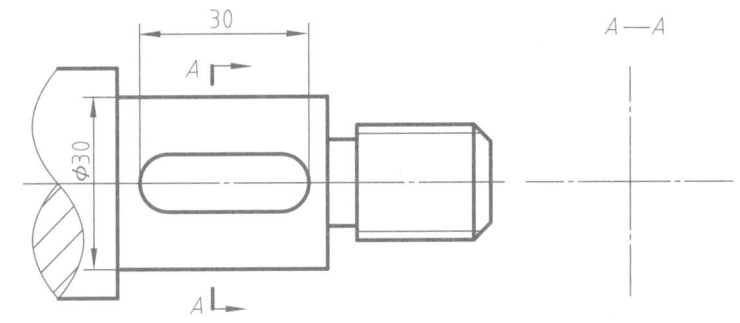

② 画出齿轮键槽部分的剖视图及局部视图，并查表注全键槽的尺寸。

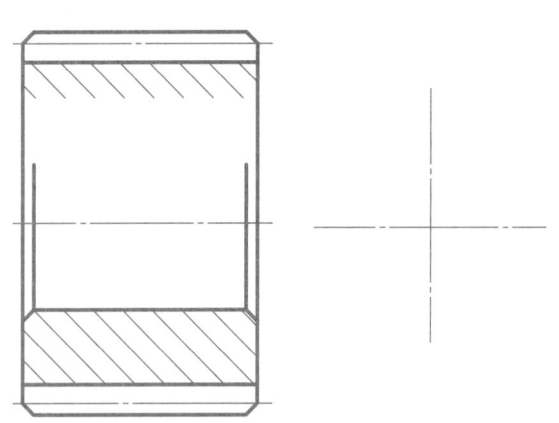

（2）销
① 选取适当长度的 $\phi12$ 圆锥销，画出销连接的装配图，并写出销的标记。

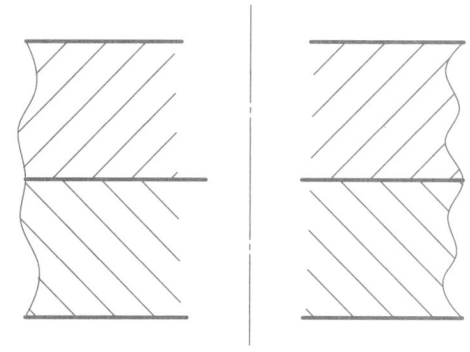

标记：

键连接参数：

键宽 $b=$ ____　键高 $h=$ ____　键长 $L=$ ____　轴键槽深 $t=$ ____　轮毂键槽深 $t_1=$ ____

③ 用普通平键和螺母、垫圈，将①、②中轴和齿轮连接起来，画出连接的装配图，并写出键的标记。

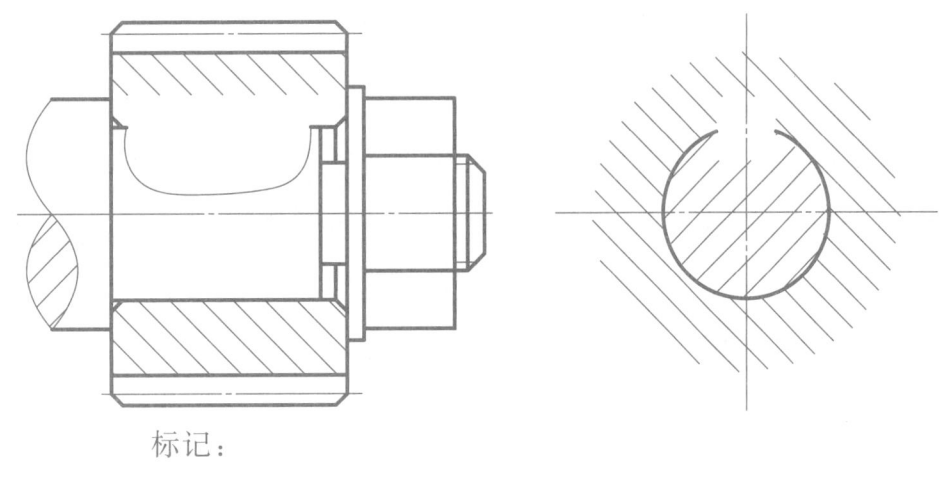

标记：

② 选取适当长度的 $\phi12$ 圆柱销，画出销连接的装配图，并写出销的标记。

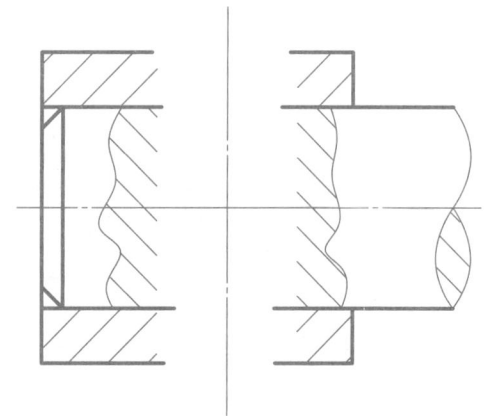

标记：

7-7　轴承与弹簧

（1）滚动轴承代号为 6306 GB/T 276—1994，解释其代号含义，查表确定其尺寸。

（3）已知圆柱螺旋压缩弹簧的簧丝直径 $d=8$，弹簧外径 $D_2=96$，节距 $t=16$，有效圈数 $n=7$，支承圈数 $n_z=2.5$，右旋。采用 $1:1$ 比例画出弹簧的全剖视图（轴线垂直放置）。

6306
内径：
尺寸系列：
轴承类型：

30306
内径：
尺寸系列：
轴承类型：

查表得滚动轴承 6306 尺寸：

$d=$

$D=$

$B=$

查表得滚动轴承 30306 尺寸：

$d=$　　　　$B=$

$D=$　　　　$C=$

$T=$

（2）用规定画法，采用 $1:1$ 的比例，在阶梯轴 $\phi25$ 和 $\phi15$ 处分别画 6205 和 6202 深沟球轴承（轴承端面要紧靠轴肩）。

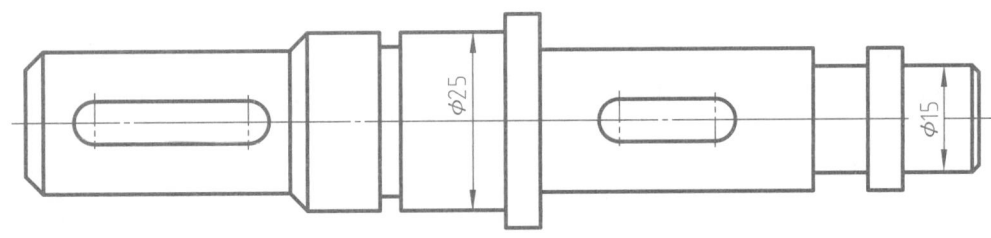

7-8　标准件与常用件大作业

（1）目的、内容与要求

① 目的、内容：进一步理解与巩固标准件与常用件的基本知识，熟悉标准件的标记及查阅国家标准的方法，掌握标准件与常用件的规定画法。

② 要求：查表确定标准件的尺寸，按标准件与常用件的规定画法准确地绘制图形。

（2）图名、图幅、比例

① 图名：标准件与常用件练习。

② 图幅：A3 图纸。

③ 比例：1：1。

（3）仪器绘图步骤与注意事项

① 对所绘图形中的标准件，要求查表确定其尺寸；未注出尺寸按 1：1 在图中测量，取整数。

② 剖面线为 45°的细实线，间隔均匀。

③ 完成底稿，经仔细校核后用 B 铅笔加深。

④ 图面质量与标题栏填写的要求，同第一次制图作业。

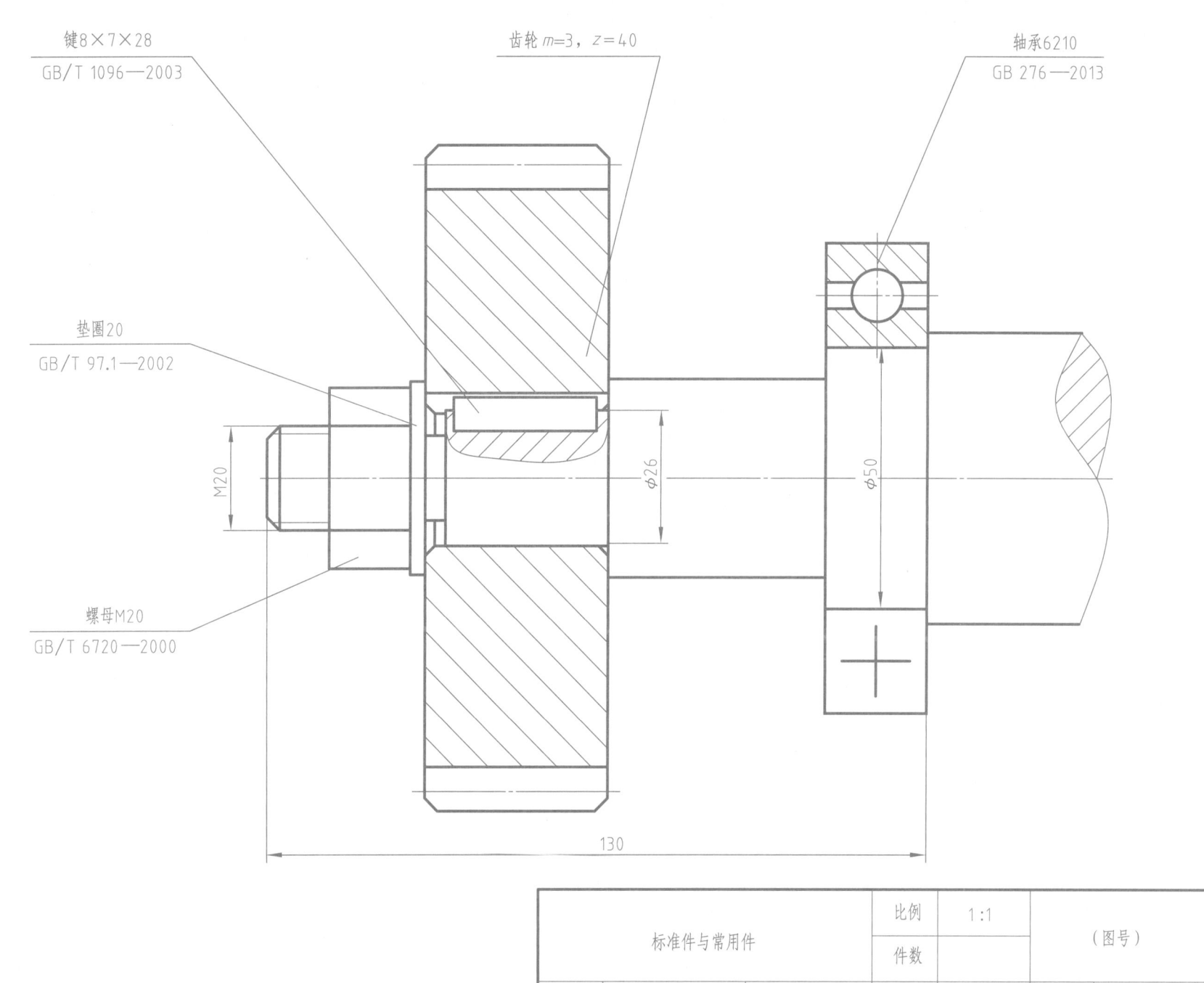

键8×7×28
GB/T 1096—2003

齿轮 $m=3$, $z=40$

轴承6210
GB 276—2013

垫圈20
GB/T 97.1—2002

螺母M20
GB/T 6720—2000

M20

$\phi26$

$\phi50$

130

标准件与常用件		比例	1：1	（图号）
		件数		
制图		（日期）	重量	
描图		（日期）		（校名）
审核		（日期）		

8-1　零件图的填空、选择题

（1）填空题

① 零件图是制造和检验零件的_____，是指导零件生产的重要_____之一。

② 一张完整的零件图应包括下列四项内容：_____。

③ 选择零件主视图时应先确定其_____，再确定主视图的_____。

④ 常四大类零件是指_____。

⑤ 零件图尺寸标注的基本要求是：_____、_____、_____、_____。

⑥ 零件图尺寸以_____为单位时，不需标注代号或名称。

⑦ 标注尺寸的_____称为尺寸基准。

⑧ 表面粗糙度是评定零件_____的一项技术指标，常用参数是_____，其值越小，表面结构质量越_____。

⑨ 零件图中表面粗糙度的注写和读取方向与_____的注写和读取方向一致。

⑩ 当零件所有表面具有相同的表面粗糙度要求时，可统一标注在_____附近。

⑪ 加工零件时允许尺寸的变动量称为尺寸_____。

⑫ 若基本尺寸相同，公差等级数值越大，标准公差值越_____，精确程度越_____。

⑬ 轴的尺寸为 $\phi24^{+0.015}_{+0.002}$，表示其最大极限尺寸为_____，最小极限尺寸为_____，基本偏差为_____，公差为_____。

⑭ 基本尺寸相同的相互结合的孔和轴公差带之间的关系称为_____。配合分为_____、_____、_____三种。

⑮ 几何公差是指零件表面的_____形状、位置、方向等对于理想形状、位置、方向的允许的_____。

⑯ 说明符号 ⊥ | 0.01 | A 中表示几何公差的项目为_____，公差值为_____。

⑰ 为便于装配和除去毛刺、锐边，在轴和孔的端部常加工成_____。

⑱ 在加工零件时，为了便于退出刀具及保证装配时相关零件的接触面靠紧，在被加工表面台阶处应预先加工_____或_____。

⑲ 用铸造方法制造零件的毛坯时，为了便于将木模从砂型中取出，一般沿木模拔出的方向做成约 1：20 的斜度，称为_____。

⑳ 零件测绘是根据_____画零件图的过程。

（2）选择题

① 表示零件结构、大小及技术要求的图样称为（　　）。

A. 视图　　　　　　B. 工程图　　　　　　C. 零件图

② 确定零件图的表达方案时，应首先确定（　　）的方向。

A. 主视图　　　　　B. 俯视图　　　　　　C. 左视图

③ 机件的真实大小，应以图样上（　　）为依据。

A. 图形的大小　　　B. 标注的尺寸　　　　C. 综合考虑

④ 在零件图中的尺寸基准根据其作用分为（　　）两类。

A. 设计和工艺基准　B. 长度和高度基准　　C. 主要和辅助基准

⑤ 表面粗糙度 Ra 值的单位为（　　）。

A. 毫米　　　　　　B. 微米　　　　　　　C. 厘米

⑥ 给出的表面粗糙度符号中表面质量要求最高的是（　　）。

A. $\sqrt{}$ Ra 1.6　　B. $\sqrt{}$ Ra 6.4　　C. $\sqrt{}$ Ra 50

⑦ 132 ± 0.0125 的公差为（　　）。

A. +0.0125　　　　B. −0.0125　　　　　C. 0.025

⑧ 公差表示尺寸允许变动的范围，所以（　　）。

A. 一定为正值　　　B. 一定为负值　　　　C. 可以为零

⑨ 下面哪种符号是代表形位公差中的同轴度（　　）。

A. ○　　　　　　　B. ⊙　　　　　　　　C. ◎

⑩ 为了去除毛刺、锐边和便于装配，在孔和轴的端部，一般都应加工成（　　）。

A. 直角　　　　　　B. 圆角　　　　　　　C. 倒角

8-2　根据给出的轴测图绘制其零件图

（1）轴

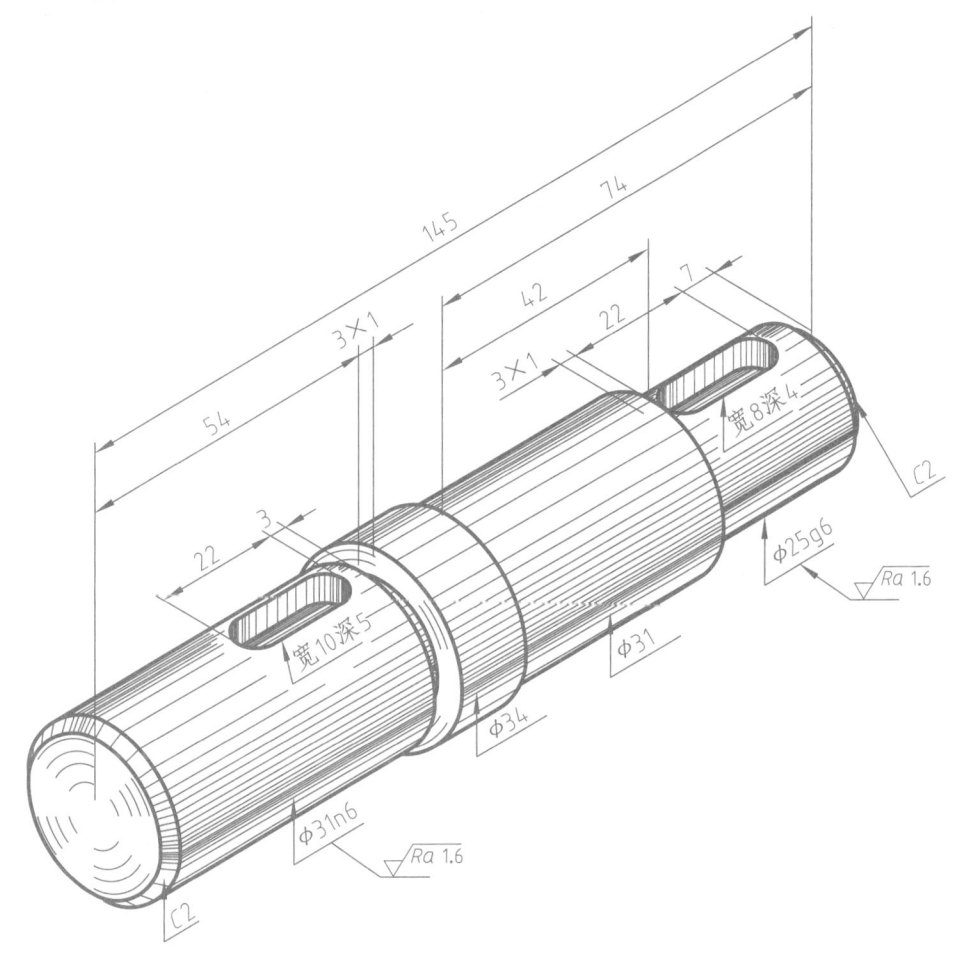

材料：45

注：键槽两侧表面粗糙度为 $\sqrt{Ra\ 3.2}$ ，键槽底面表面粗糙度为 $\sqrt{Ra\ 6.3}$ ，
其余未标注表面粗糙度为 $\sqrt{Ra\ 12.5}$ 。

（2）支架

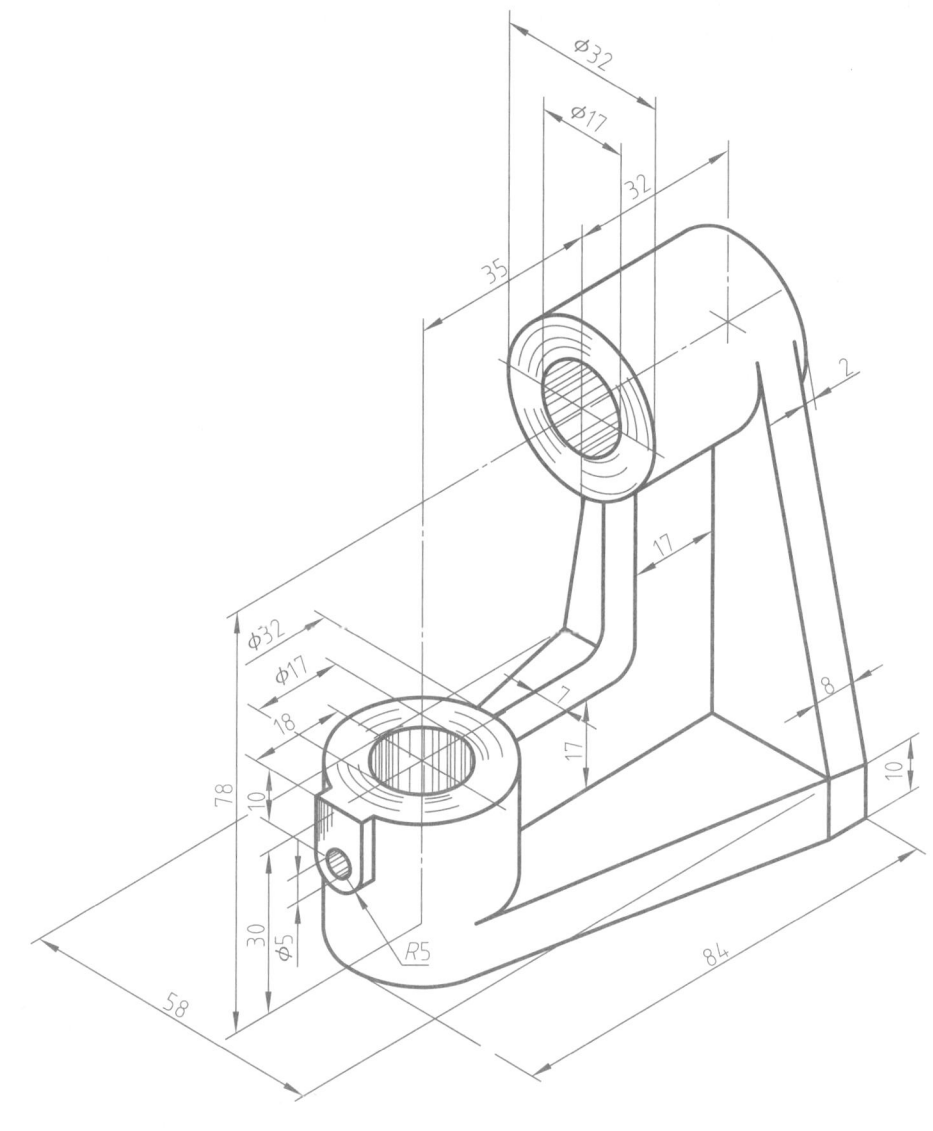

材料：HT200

技术要求

1. 铸件不得有裂纹、砂眼等缺陷。

2. 未注明铸造圆角为 $R3$ 。

3. $\phi32$ 圆柱的两端面粗糙度为 $\sqrt{Ra\ 12.5}$ ，两个 $\phi17$ 孔表面粗糙度为 $\sqrt{Ra\ 1.6}$ ，
支架底面 $\sqrt{Ra\ 12.5}$ ，左侧竖直圆柱底面 $\sqrt{Ra\ 12.5}$ ， $\phi5$ 孔 $\sqrt{Ra\ 6.4}$ ，
凸台左侧面 $\sqrt{Ra\ 12.5}$ ，其余表面粗糙度为 $\sqrt{Ra\ 50}$ 。

8-3　表面粗糙度练习

（1）标注四棱柱零件的尺寸和表面结构要求。

尺寸数值在图中 1∶1 测量，取整数；表面皆用去除材料的方法加工形成，其六个表面的表面结构要求见下表。

上表面	下表面	左表面	右表面	前表面	后表面
$Ra\,0.8$	$Ra\,12.5$	$Ra\,3.2$	$Ra\,6.3$	$Ra\,25$	$Ra\,25$

（2）在图中标注表面粗糙度符号。

各表面都是用去除材料方法获得的，其中，内孔和倒角圆表面粗糙度为 $Ra\,1.6$，左、右两端面粗糙度为 $Ra\,3.2$，左侧 $\phi31$ 圆柱面粗糙度为 $Ra\,6.3$，其余表面粗糙度为 $Ra\,12.5$。

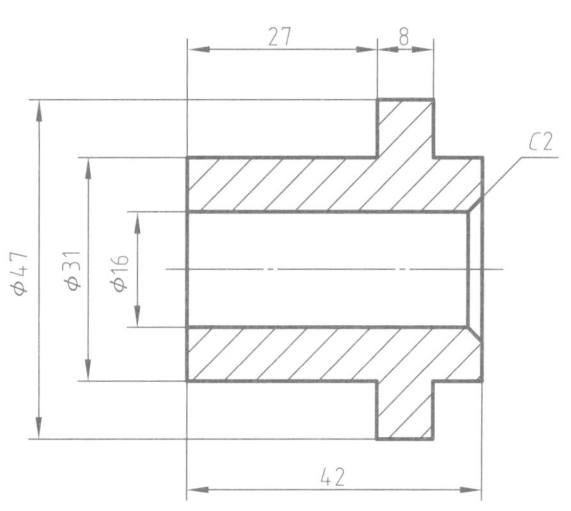

（3）指出下图表面粗糙度代号注法上的错误，并在右图进行正确标注。

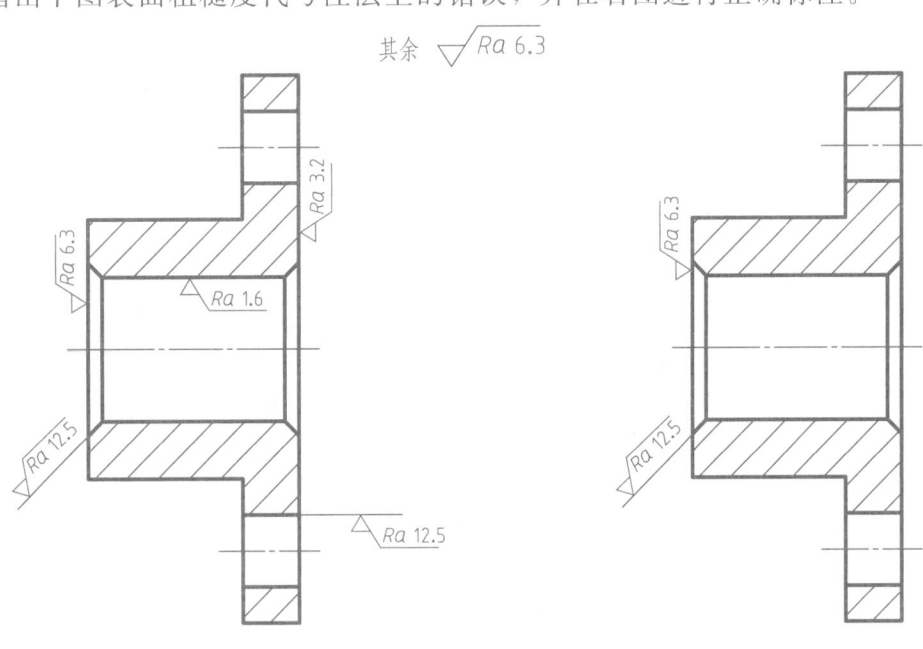

（4）在图中标注表面粗糙度符号。

① $\phi20$、$\phi18$ 圆柱面粗糙度为 $Ra\,1.6$。

② M16 螺纹工作表面粗糙度为 $Ra\,3.2$。

③ 键槽两侧面粗糙度为 $Ra\,3.2$，底面粗糙度为 $Ra\,6.3$。

④ 其余表面粗糙度为 $Ra\,12.5$。

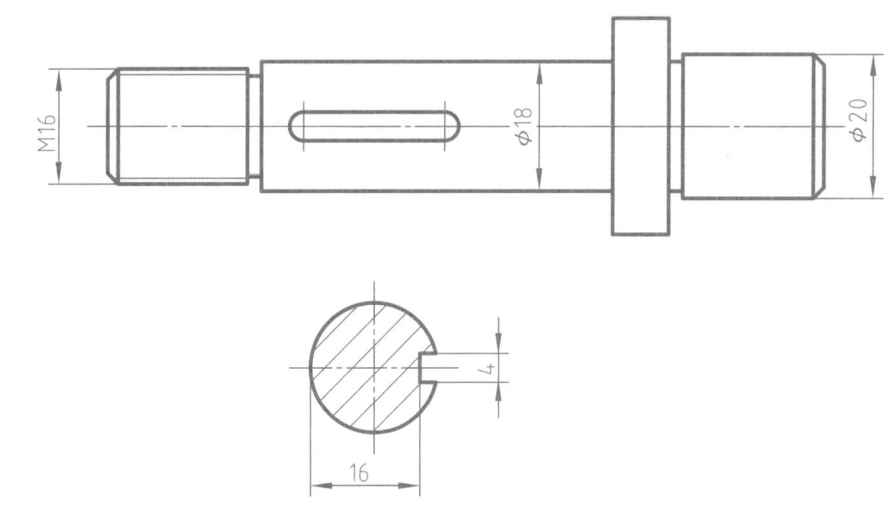

8-4 极限与配合练习

（1）根据图中的标注，查阅国家标准将有关数值填入下表。

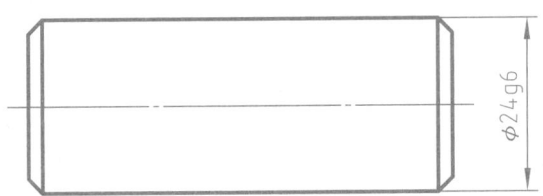

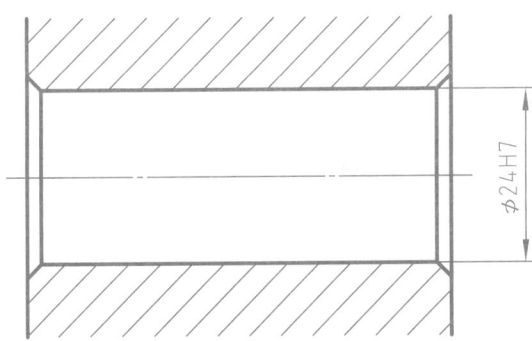

尺寸名称	数值/mm	
	轴	孔
基本尺寸		
最大极限尺寸		
最小极限尺寸		
上偏差		
下偏差		
公差		
偏差代号		
公差等级		
配合性质		

（2）已知：轴与孔的基本尺寸为 φ35，采用基轴制配合，轴的公差等级为 IT6，孔的基本偏差代号为 N，公差等级为 IT7。

要求：① 在零件图上分别注出基本尺寸和公差带代号，并在下面写出公差值；

② 在装配图上标注装配尺寸，并说明其配合类别。

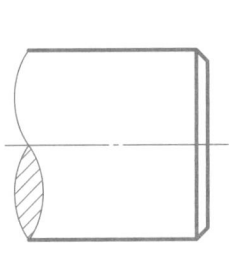  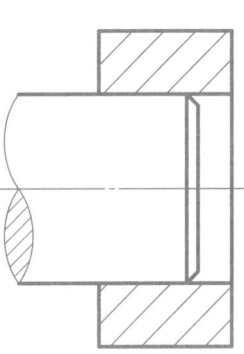

轴的公差值_____ 孔的公差值_____ 孔与轴的配合属于_____

（3）根据装配图中所注装配尺寸，分别在相应的零件图上标出基本尺寸和偏差数值，并说明这两个配合尺寸的含义。

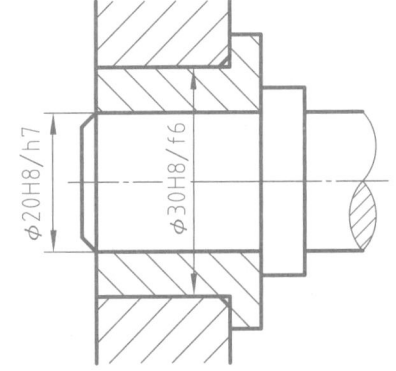 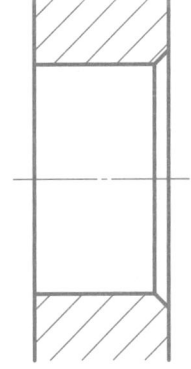 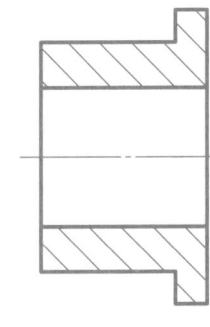 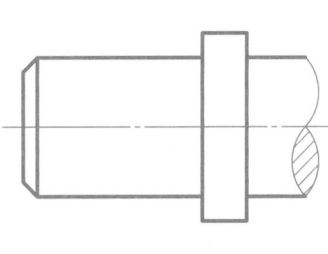

φ30H8/f6 表示_____ φ30H8/h7 表示_____

8-5 几何公差练习

（1）

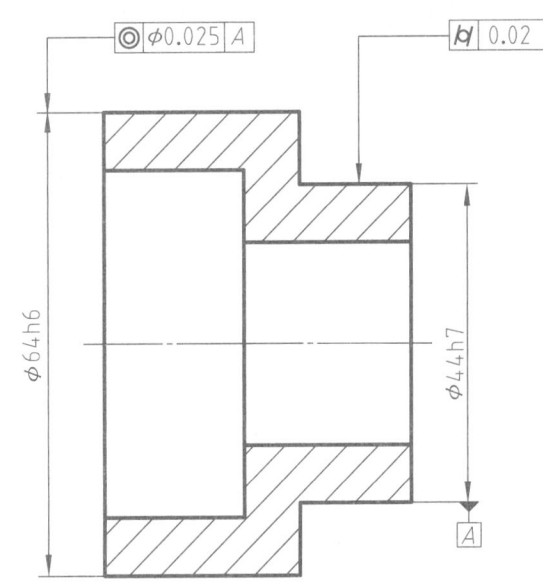

示例：

被测 $\phi64$ 轴线对 $\phi44$ 基准轴线 A 的同轴度公差为 $\phi0.025$；被测要素 $\phi44$ 圆柱面的圆柱度公差为 0.02。

（2）

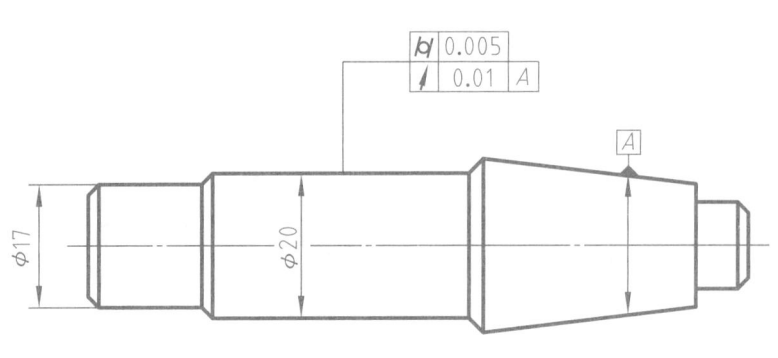

被测要素_____圆柱面的_____公差为_____；圆柱面对圆锥轴段的轴线_____的_____公差为_____。

（3）

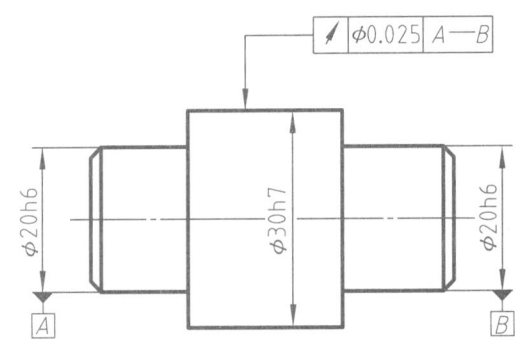

_____圆柱面对两个圆柱面公共轴线的_____公差为_____。

（4）

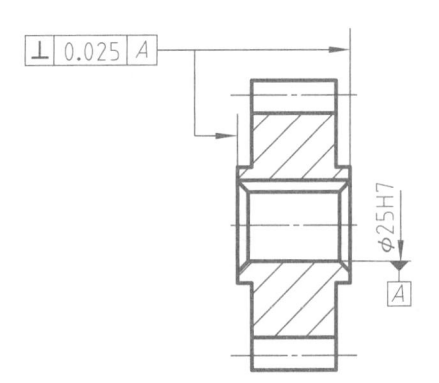

圆柱齿轮左右两端面_____对基准_____轴线的_____公差为_____。

（5）

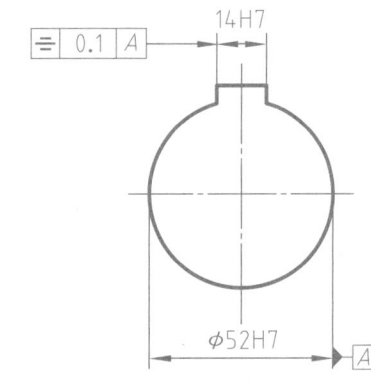

键槽两个侧面对基准_____轴线的_____公差为_____。

8-6　读轴的零件图，通过查表补画轴上键槽位置的断面图（A—A），标注尺寸，并回答相应问题

（1）该零件的名称是____，材料是____，绘图比例为____，属于_____类零件。

（2）图中尺寸 φ20k6 公差等级为____级，基本偏差代号为____，该尺寸公差带代号为____。

（3）该零件要求表面粗糙度的最小值是____，最大值是____。

（4）尺寸 M12 的含义是_____。

（5）零件长度方向的主要尺寸基准是_____，宽度和高度方向的尺寸基准是_____。

（6）位于零件左方 φ28 轴段上的键槽长度为____，宽度为____，深度为____，定位尺寸为____。

（7）越程槽 2×1.5 表示槽宽__，槽深____。

（8）直径为 φ24 圆柱长度为____，其表面粗糙度的代号为_____。

（9）直径为 φ28 轴段左端倒角为____。

（10）说明图中下列几何公差的意义。

① ◎ φ0.01 A—B 被测要素和基准要素均为圆柱面。公差项目为_____，公差值为____。

② ⊟ 0.1 A 被测要素为_____。基准要素为圆柱轴线。公差项目为_____，公差值为____。

（11）局部放大图采用的绘图比例为_____。

（12）补画 A—A 断面图。

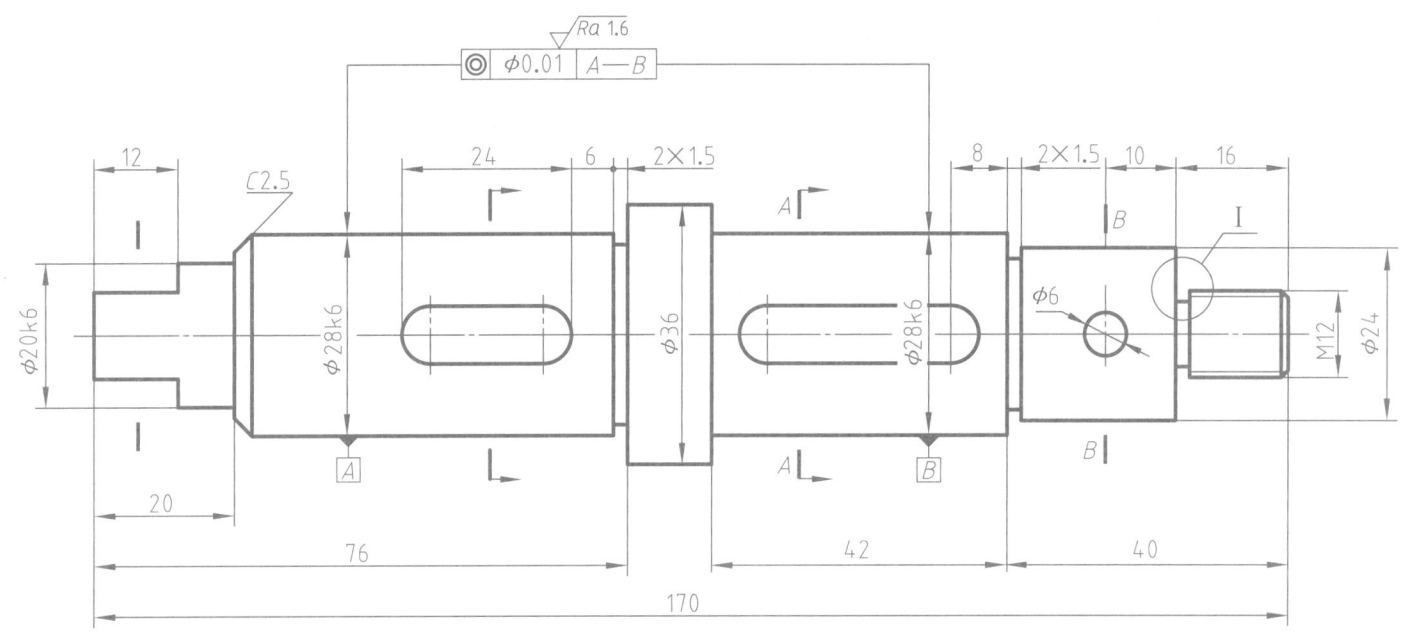

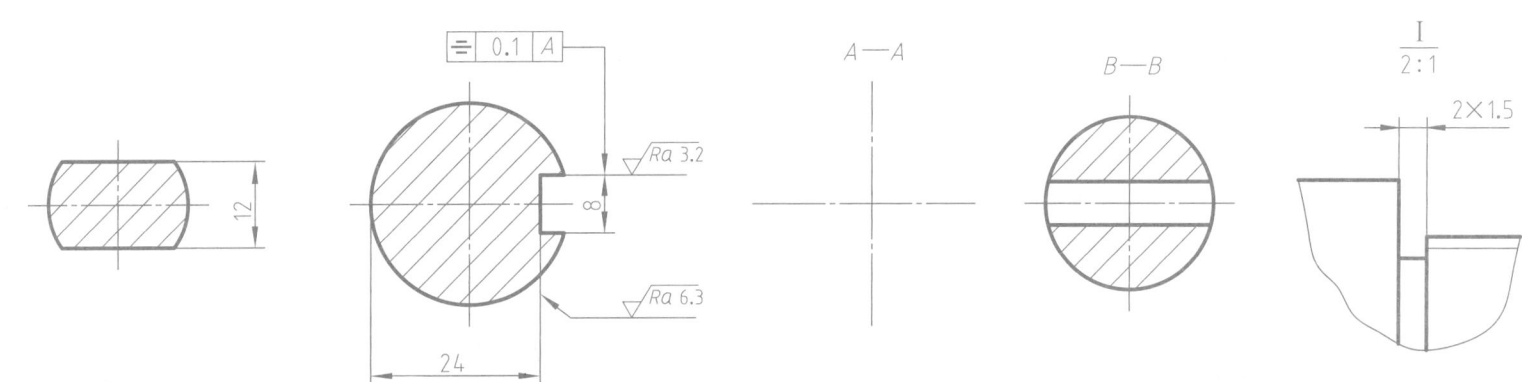

技术要求

1. 未注倒角 C0.5。

2. 全部圆角 R2～3。

3. 两个 φ28 外圆柱面表面淬火 35～52HRC，淬火硬度为 0.7～1.3。

√ Ra 12.5（ √ ）

		比例	数量	材料	图号
轴		1:1	1	45	01
制图					
审核			（校名）		

8-7　读端盖的零件图，补画 A 向视图，并回答相应问题

(1) 端盖的材料是＿＿＿，绘图比例是＿＿＿，属于＿＿＿比例，该零件属于＿＿＿类零件。

(2) 主视图采用了 B—B ＿＿＿剖视图，主要表达＿＿＿，左视图是＿＿＿图，主要表达＿＿＿。

(3) 该零件的长度方向主要基准为＿＿＿，宽度和高度方向主要基准为＿＿＿。

(4) 右端面上的 φ10 圆柱孔的定位尺寸为＿＿＿。

(5) 主视图上方标注的尺寸 M12 表示＿＿＿孔，大径为＿＿＿，螺孔深度为＿＿＿。

(6) φ16H7 是＿＿＿制的光孔，公差等级为＿＿＿级，其基本偏差为＿＿＿，该圆柱面的表面粗糙度要求为＿＿＿。

(7) 说明下列几何公差的意义。

① ◎ 0.025 A 被测要素为＿＿＿圆柱面。基准要素为＿＿＿。公差项目为＿＿＿，公差值为＿＿＿。

② ⊥ 0.011 A 被测要素为＿＿＿。基准要素为＿＿＿。公差项目为＿＿＿，公差值为＿＿＿。

(8) 左视图中标有①所指的 3 个圆的直径尺寸分别为＿＿＿、＿＿＿、＿＿＿。

(9) 图中标有②所指的图线是＿＿＿线。

(10) 图中 6×φ7 ⌴φ11▽5 的含义是＿＿＿。

(11) 图中未标注表面粗糙度要求的表面，其表面粗糙度要求为＿＿＿。

(12) 画出 A 向视图。

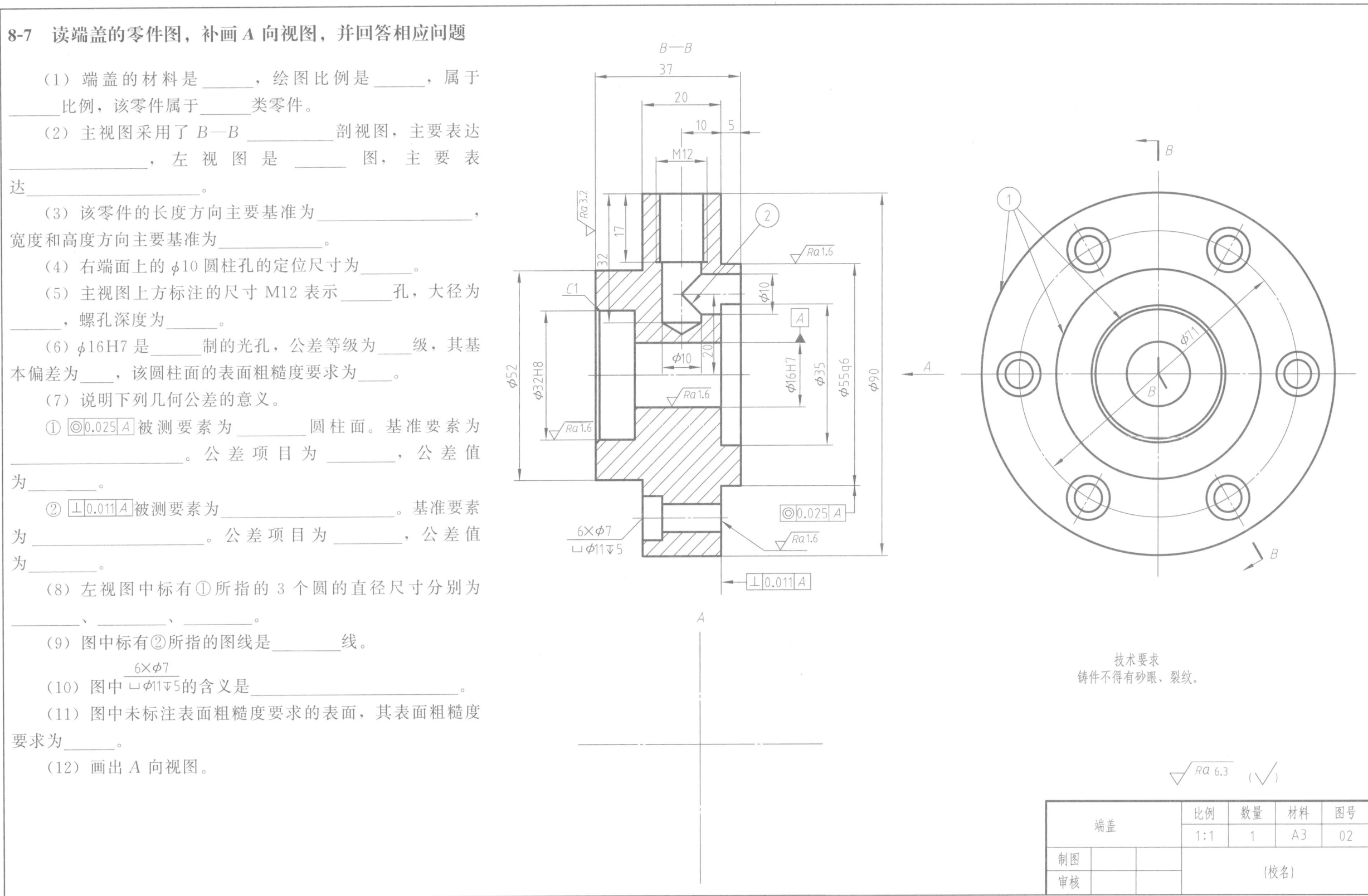

技术要求
铸件不得有砂眼、裂纹。

端盖	比例	数量	材料	图号
	1:1	1	A3	02
制图				
审核		(校名)		

8-8　读支架零件图，补画 *B*—*B* 断面图，并回答相应问题

（1）该零件的材料为 _____，绘图比例为 _____，属于 _____ 类零件。

（2）支架零件共用了 ____ 个图形来表达形体结构，主视图为 _____，另外三个图形分别为 _____、_____ 和 _____。

（3）在图中标出零件长、宽、高三个方向的主要尺寸基准。

（4）移出断面表明连接肋板的形状为 _____，其厚度为 _____，表面粗糙度为 _____。

（5）该零件的主要结构是上部的 _____ 结构和下部的 _____ 结构。

（6）上部圆筒左侧耳板上的凸台的形状为 _____，其定位尺寸为 _____。

（7）下部连接板上沉孔的定位尺寸为 _____。

（8）$\phi 20^{+0.021}_{0}$ 表示其最大极限尺寸为 _____，最小极限尺寸为 _____，基本偏差为 _____，公差带代号为 _____。

（9）写出图中 M10-7H 螺纹孔的定位尺寸 _____。

（10）说明下列几何公差的意义：⊥ 0.05 *A* 被测要素为 _____。基准要素为 _____。公差项目为 _____，公差值为 _____。

（11）说明符号 $\sqrt{Ra\,50}$ 的含义是 _____。

（12）拨叉零件不加工的表面其表面粗糙度为 ____。

（13）在指定位置处画出 *B*—*B* 断面图。

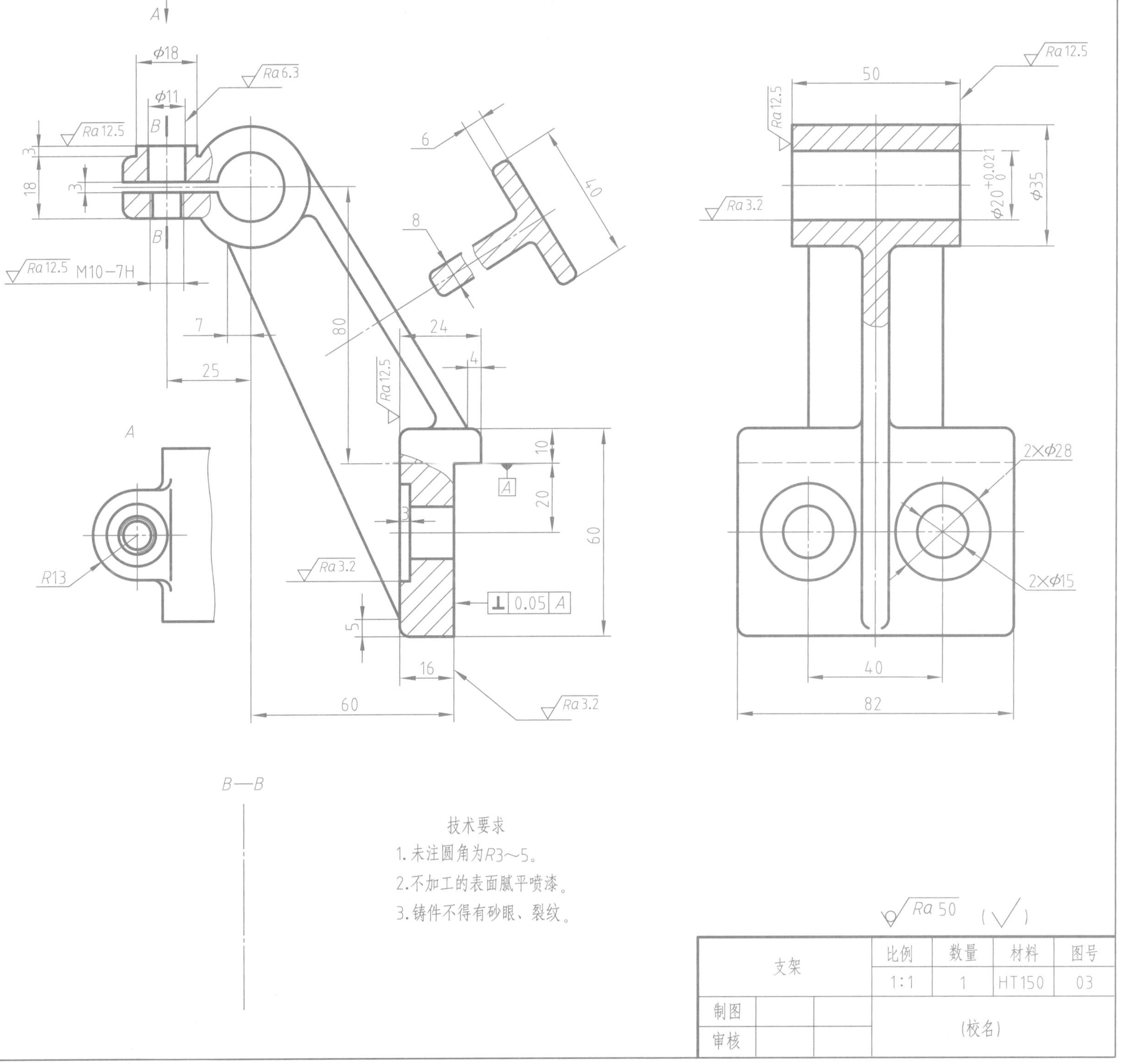

技术要求
1. 未注圆角为 *R*3～5。
2. 不加工的表面腻平喷漆。
3. 铸件不得有砂眼、裂纹。

$\sqrt{Ra\,50}$　$(\sqrt{\ })$

支架	比例	数量	材料	图号
	1:1	1	HT150	03
制图				
审核		（校名）		

8-9　读壳体零件图，在指定位置画出 A 向局部视图，并回答相应问题

（1）该零件的名称是_____，材料是_____，绘图比例是_____，属于_____类零件。

（2）主视图采用了_____，左视图是_____图，俯视图是_____图。

（3）写出零件上两个螺纹孔的定形尺寸、定位尺寸：定形尺寸为_____；定位尺寸为_____。

（4）该零件表面粗糙度要求最高的是_____面。

（5）在图中标出零件长、宽、高三个方向的主要尺寸基准。

（6）$\phi36H8$ 是_____制的孔，公差等级为_____级，其基本偏差为_____。

（7）在壳体右侧的连接板上，有 2 个 $\phi17$ 的安装孔，其定位尺寸为_____，表面粗糙度要求为_____。

（8）图中未注明的铸造圆角的尺寸为_____。

（9）说明下列几何公差的意义。

① ⊥|0.03|A 被测要素为_____。基准要素为_____。公差项目为_____，公差值为_____。

② ◎|$\phi0.02$|A 被测要素为_____。基准要素为_____。公差项目为_____，公差值为_____。

（10）壳体表面粗糙度精度要求最高的 Ra 值是_____，表面粗糙度精度要求最低的 Ra 值是_____。

（11）该零件的总长为_____，总宽为_____，总高为_____。

（12）在指定位置画出 B 向局部视图。

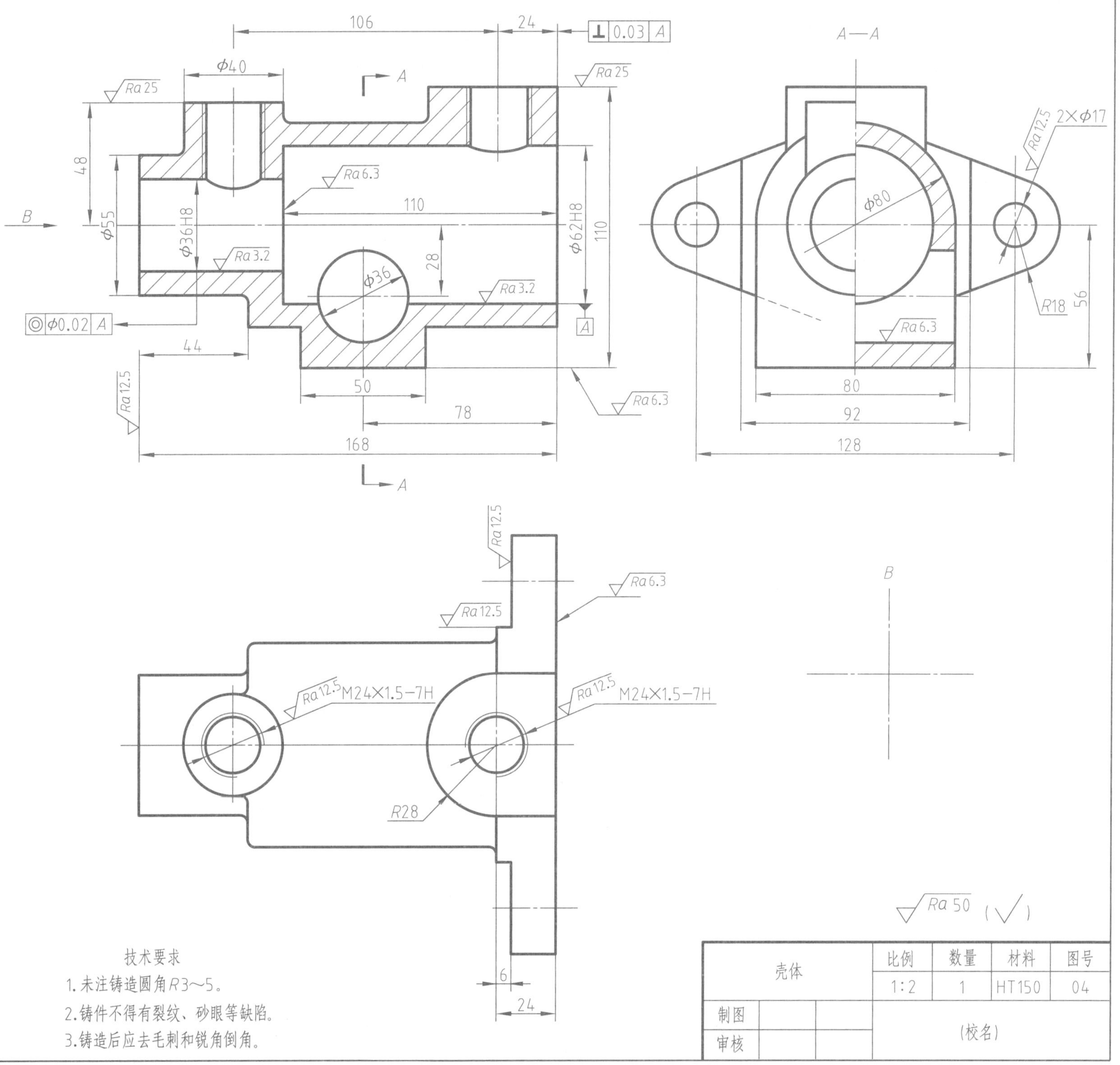

技术要求
1. 未注铸造圆角 $R3\sim5$。
2. 铸件不得有裂纹、砂眼等缺陷。
3. 铸造后应去毛刺和锐角倒角。

壳体		比例	数量	材料	图号
		1:2	1	HT150	04
制图					
审核			（校名）		

8-10　根据给出的轴测图徒手绘制零件图，要求根据零件结构特点，选择表达方案，并正确标注尺寸、极限偏差以及表面粗糙度（绘图比例 1∶2）

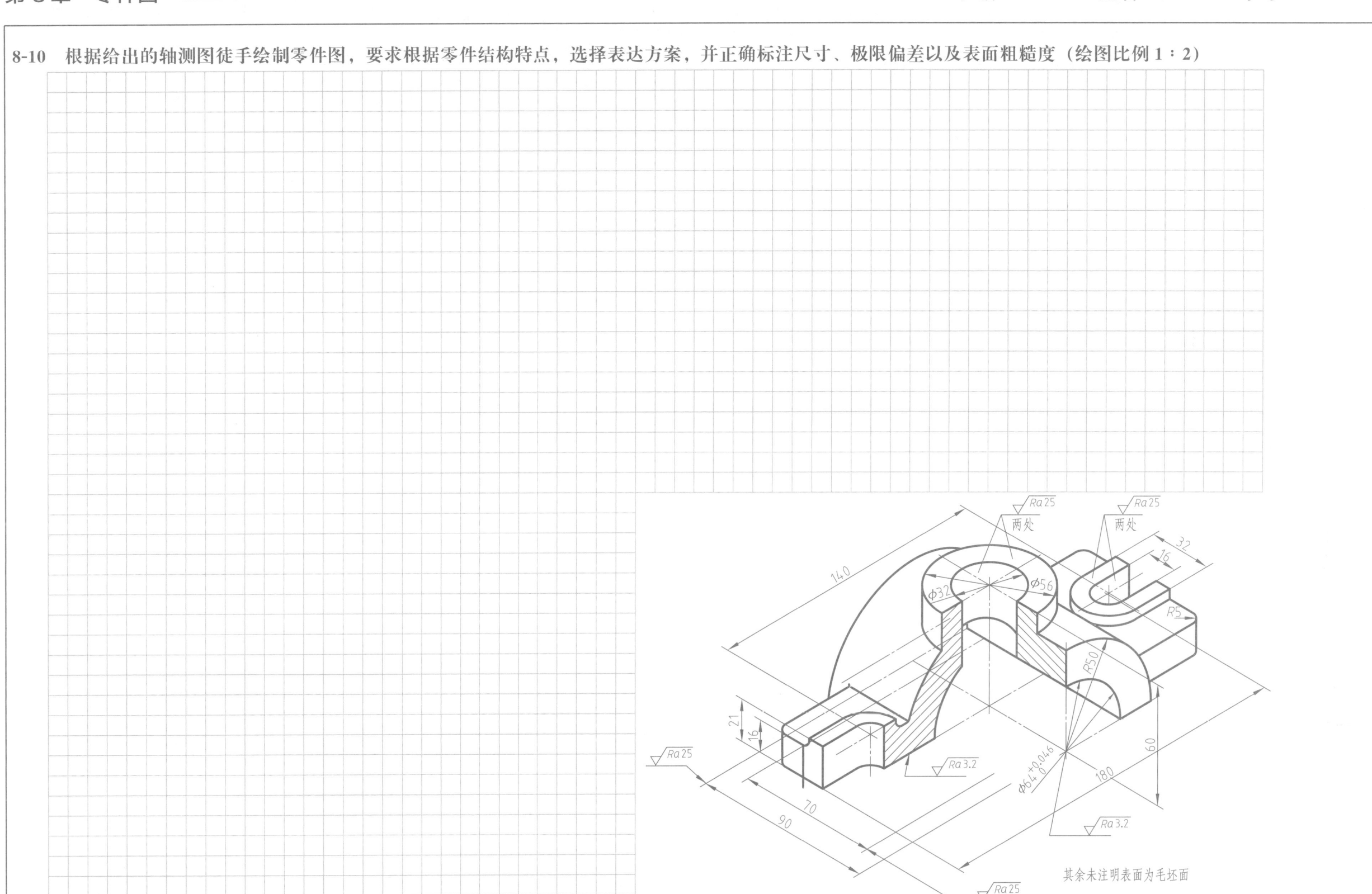

其余未注明表面为毛坯面

9-1　装配图的填空、选择题

（1）填空题

① 装配图内容包括_____、_____、_____、_____。

② 装配图规定画法中，对某些零件的范围和极限位置用_____表示。

③ 基本尺寸相同的配合面，画图时应画_____。

④ 在装配图中标注的五类尺寸是_____。

⑤ 两个相邻零件的接触表面和配合表面_____，不接触表面即使间隙很小也_____。

⑥ 在装配图中，相邻两个金属零件的剖面线_____或_____；同一零件的剖面线应_____。

⑦ 厚度小于或等于 2mm 的狭小面积的剖面，可用_____代替剖面符号。

⑧ 紧固件以及轴、连杆、球、钩子、键、销等实心零件，若剖切平面通过其对称平面或轴线时，则这些零件均按_____绘制，如需要特别表明零件的结构，如凹槽、键槽、销孔等，则可用_____图表示。

⑨ 在装配图中，零件的_____角、_____角、_____坑、凸台、沟槽、滚花以及其他细节等可不画出。

⑩ 装配图的特殊表达方法包括_____。

⑪ 当零件在装配图中遮挡了需要表达的装配关系或结构时，可假想拆去这些零件，只画出拆卸后剩余部分的视图，并在视图上方加注_____。

⑫ 明细栏直接画在装配图中，明细栏中的序号应按_____的顺序填写，以便发现有漏编的零件时，可以继续向上画格。

⑬ 零件序号应按水平或垂直方向排列整齐，序号可按_____或_____方向依次增大。

⑭ 装配图中的序号指引线可画成折线，但只可曲折_____次。

⑮ 装配图中的技术要求应包括_____、_____和_____。

⑯ 为了保证装配要求，两个零件同一方向只能有_____对接触面。

（2）选择题

① 在机器设计过程中是先画出（　　），再由装配图拆画零件图。

A. 装配图　　　　B. 零件图　　　　C. 透视图

② 一张完整的装配图主要包括以下四个方面的内容：一组视图、（　　）、技术要求、标题栏和明细栏。

A. 全部尺寸　　　B. 必要尺寸　　　C. 一个尺寸

③ 零件图上所采用的图样画法（如视图、剖视断面等）在表达装配件时是否同样适用？（　　）

A. 适用　　　　　B. 不适用　　　　C. 不一定

④ 同一种零件或相同的标准组件在装配图上只编（　　）序号。

A. 一个　　　　　B. 两个　　　　　C. 三个

⑤ 装配图中，当对反映装配体装配关系比较重要的零件的形状尚未表达清楚，为了表达该零件，应采用（　　）。

A. 局部放大图　　B. 单独画出该零件　C. 忽略该零件

⑥ 下列哪一种尺寸在装配图中不需要标注（　　）。

A. 定形尺寸　　　B. 装配尺寸　　　C. 性能尺寸

⑦ 装配图中对于螺栓连接中的螺栓、垫圈和螺母标注序号时应（　　）。

A. 标注同一序号

B. 螺栓、螺母标注同一序号，垫圈必须单独标注

C. 可用一个公共指引线引出，再分别加以标注

⑧ 装配图中的零件除标准件外，其余零件均称为（　　）。

A. 非标准件　　　B. 专用件　　　　C. 常用件

9-2 参考千斤顶示意图和说明，根据给出的零件图，画出千斤顶的装配图

千斤顶示意图说明

该千斤顶是一种手动起重、支承装置。扳动绞杠而转动螺杆，则由于螺杆、螺套间的螺纹作用，可使螺杆上升或下降，起到起重、支承的作用。

千斤顶底座上装有螺套，螺套与底座之间由螺钉固定。螺杆与螺套由方牙螺纹传动，螺杆头部中穿有绞杠，可扳动螺杆传动。螺杆顶部的球面结构与顶垫的内球面接触起浮动作用。螺杆与顶垫之间有螺钉限位。

千斤顶的装配图

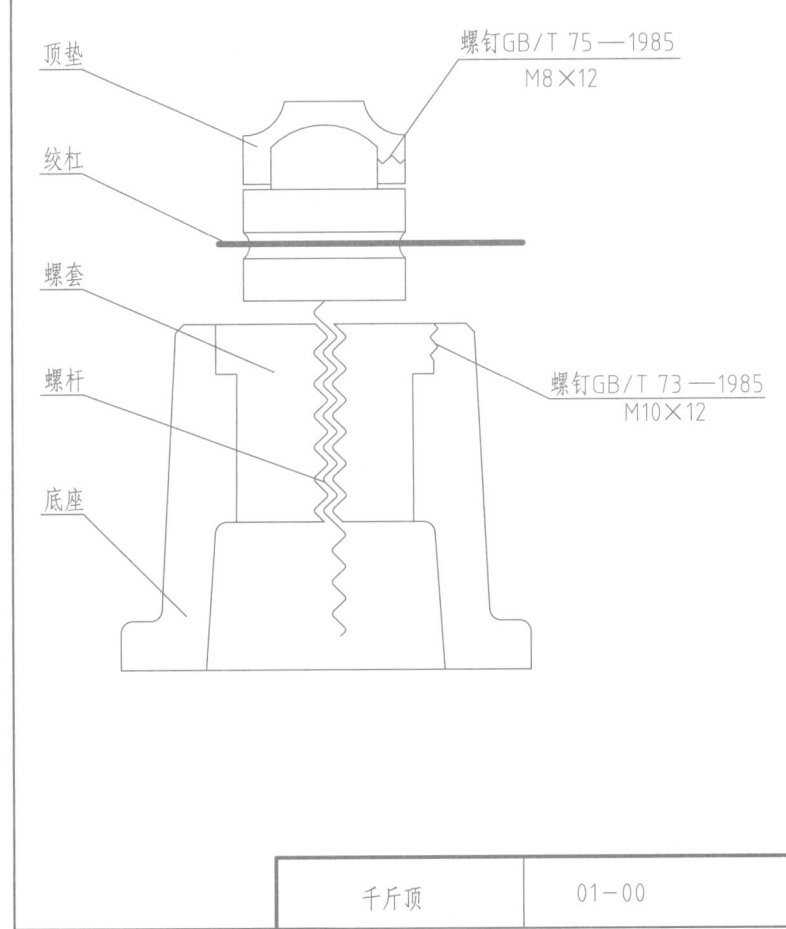

顶垫

绞杠

螺套

螺杆

底座

螺钉GB/T 75—1985
M8×12

螺钉GB/T 73—1985
M10×12

千斤顶	01—00

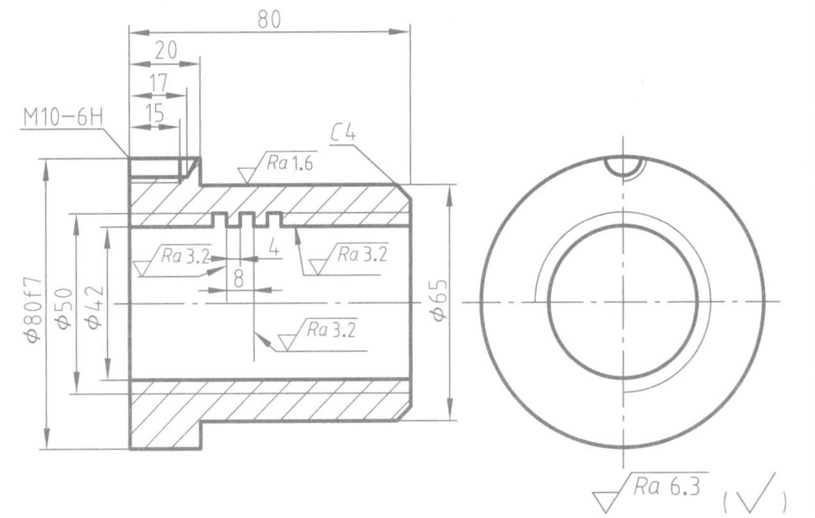

螺套	ZCuAl10Fe3
	01—03

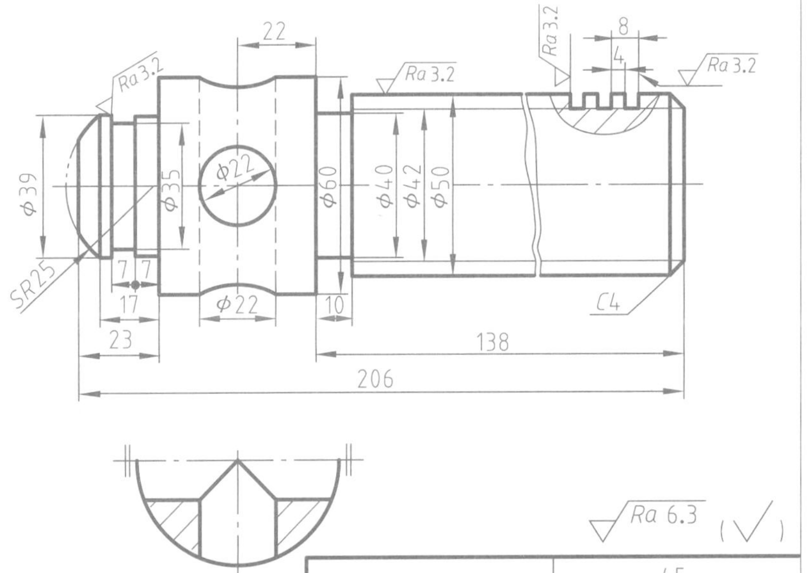

螺杆	45
	01—02

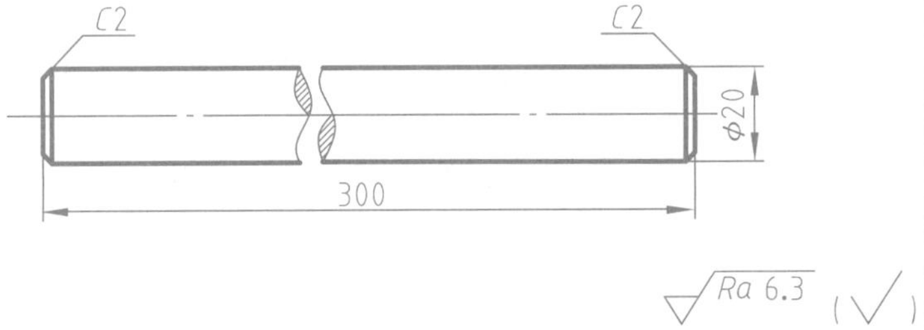

绞杠	35
	01—04

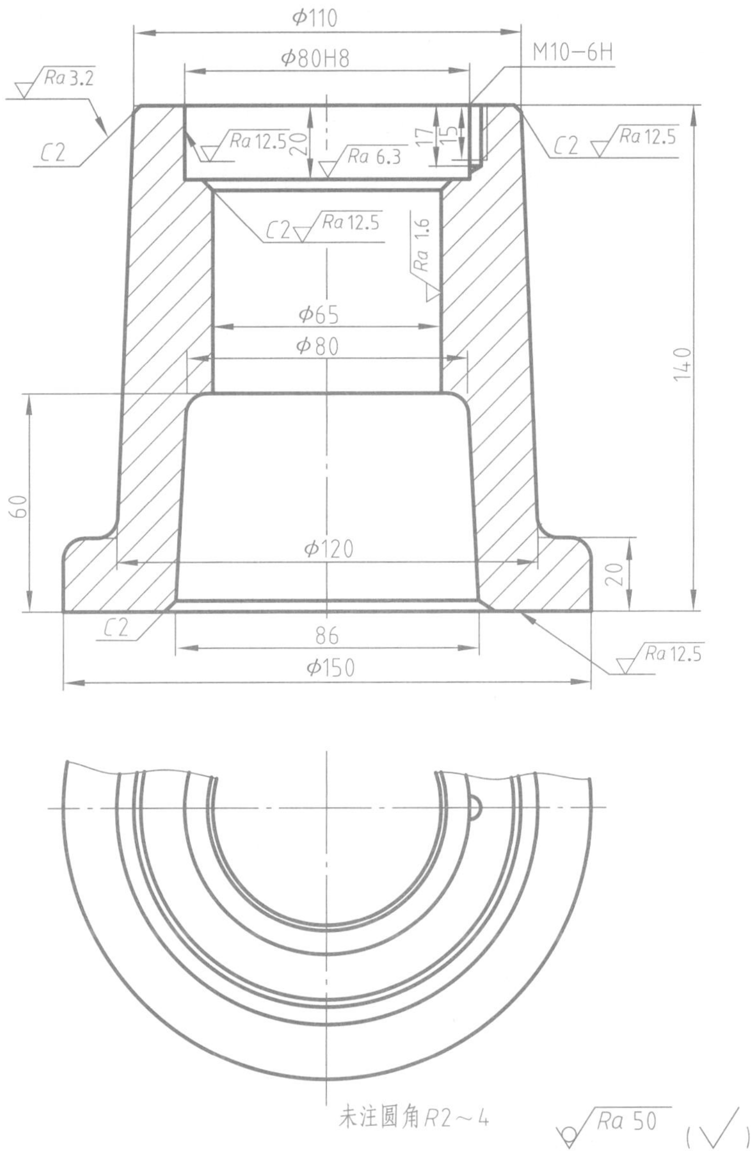

底座	HT200
	01—01

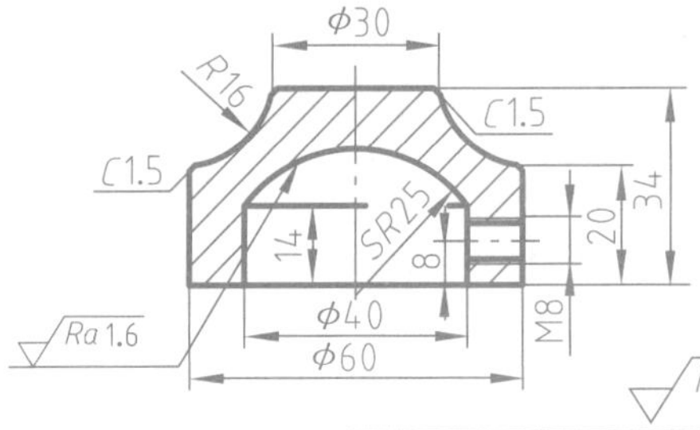

顶垫	HT200
	01—05

9-3 参考机用虎钳示意图和虎钳工作原理，根据给出的零件图，画出虎钳的装配图

机用虎钳工作原理

机用虎钳是一种装在机床工作台上用来夹紧零件，以便进行加工的夹具。当用扳手转动螺杆时，螺杆带动方块螺母使活动钳块沿钳座左右方向作直线运动，方块螺母与活动钳块用螺钉连成一体，这样使钳口闭合或开放，便于夹紧或卸下零件。两块护口板用沉头螺钉紧固在钳座上，以便磨损后更换。

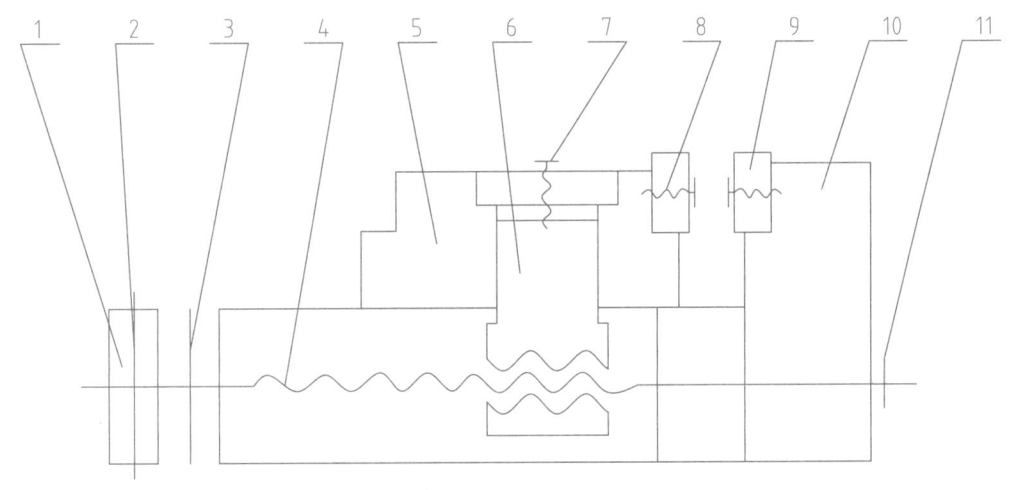

序号	名称	数量	材料	附注
2	销 4×20	1	Q235	GB/T 117—2000
3	垫圈 10	1	Q235	GB/T 97.2—2002
8	螺钉 M8×16	4	Q235	GB/T 68—2000

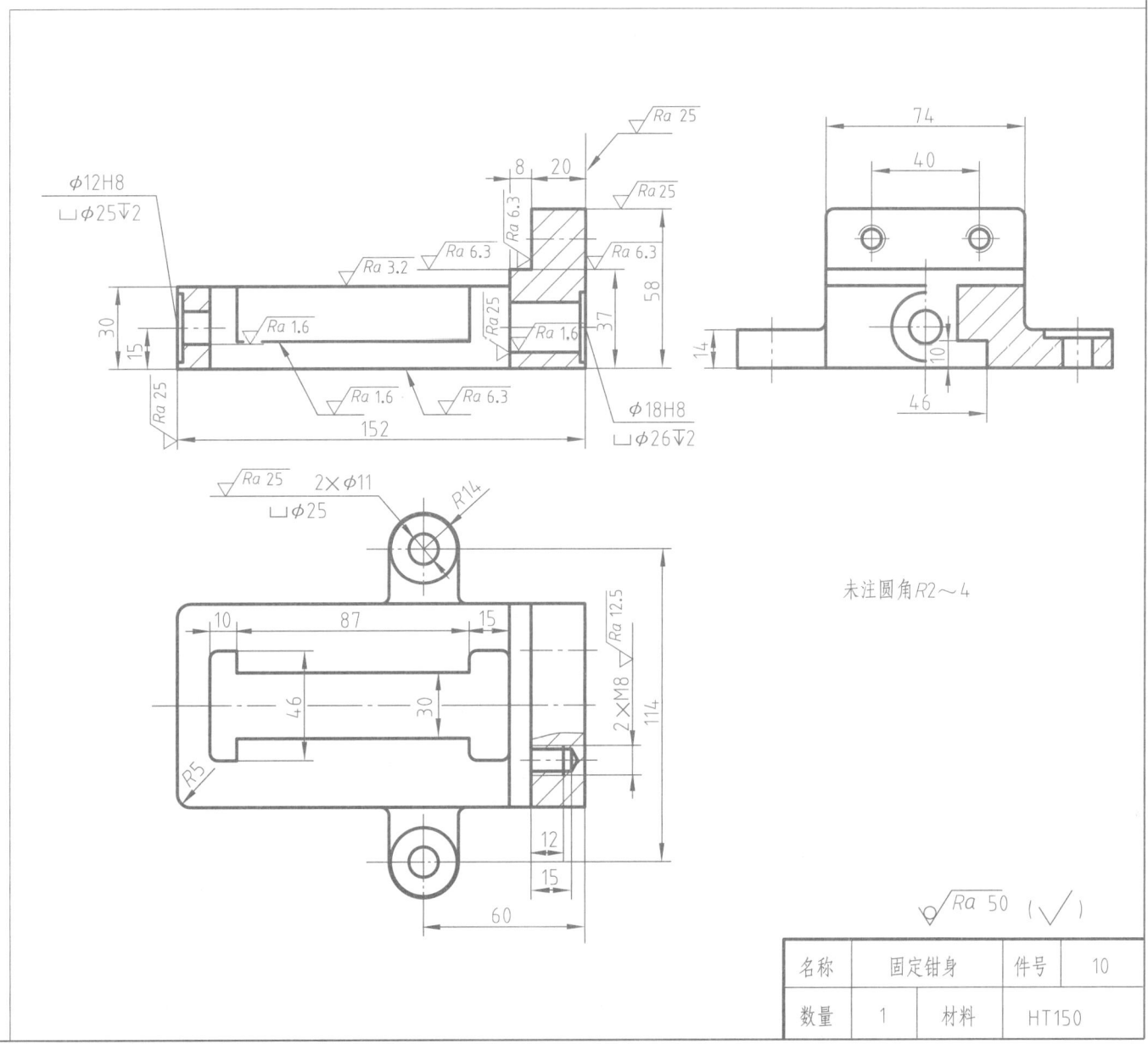

未注圆角R2~4

名称	固定钳身		件号	10
数量	1	材料		HT150

班级　　　　姓名　　　　学号

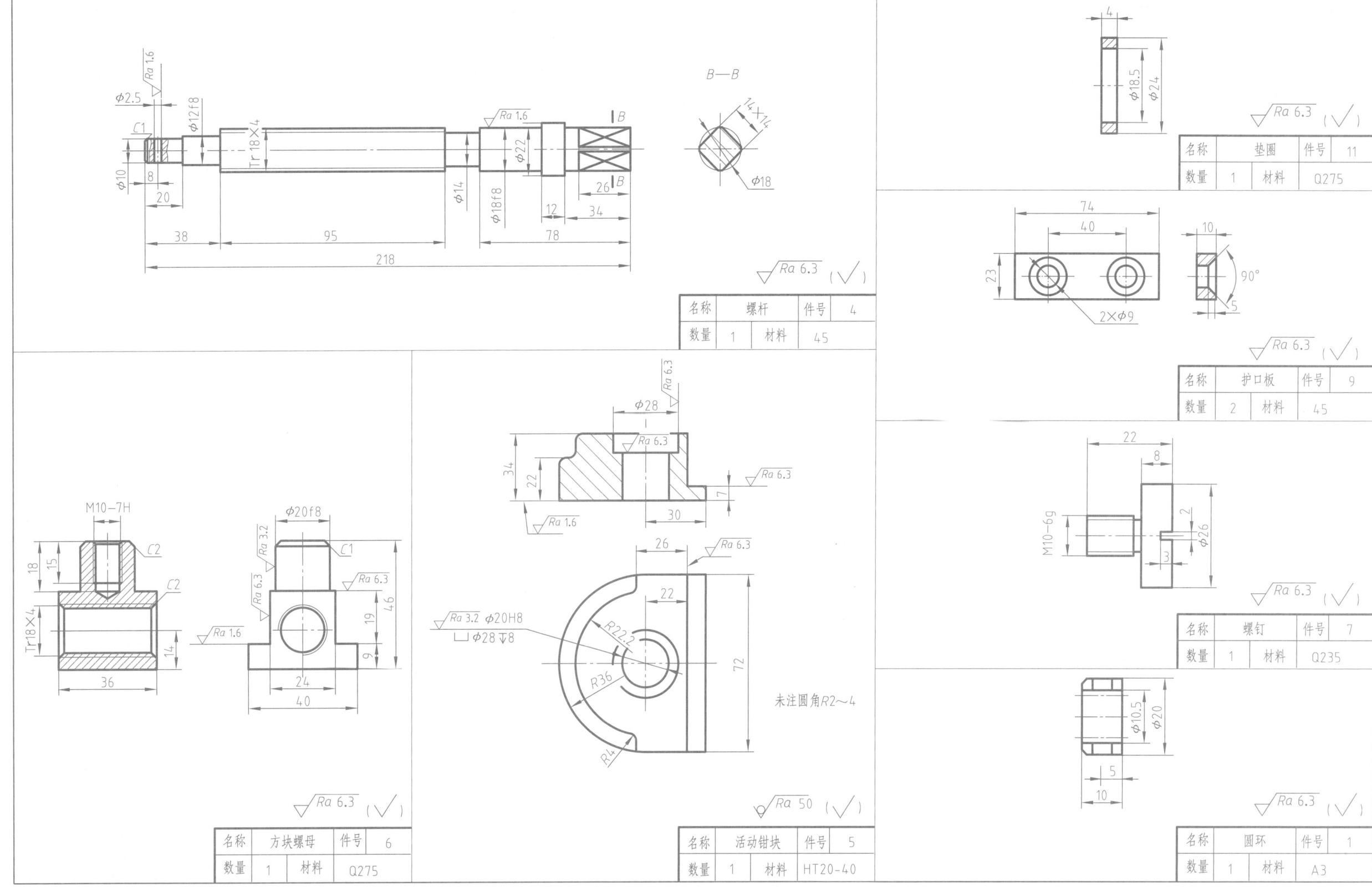

名称	垫圈	件号	11
数量	1	材料	Q275

名称	护口板	件号	9
数量	2	材料	45

名称	螺杆	件号	4
数量	1	材料	45

名称	螺钉	件号	7
数量	1	材料	Q235

名称	方块螺母	件号	6
数量	1	材料	Q275

名称	活动钳块	件号	5
数量	1	材料	HT20-40

名称	圆环	件号	1
数量	1	材料	A3

未注圆角R2~4

9-4　识读截止阀装配图，并填写回答问题

（1）分析装配图的表达方法，主视图采用了_____，俯视图为_____，B—B 为_____。

（2）截止阀共由_____个零件组成，其中标准件有____个。

（3）按装配图的尺寸分类，写出截止阀的安装尺寸____，装配尺寸_____，外形尺寸_____，性能尺寸_____。

（4）零件 3 上共有____处螺纹，分别与零件____和零件____旋合连接。

（5）说明零件 5 的名称_____，材料_____，作用_____。

（6）零件 6 属于_____件，其国家标准编号_____。

（7）根据尺寸 $\phi 18H11/c11$，在零件图中，轴上尺寸标注为_____，孔上尺寸标注为_____，该配合为____制的_____配合，公差等级为____级。

截止阀工作原理

截止阀是采油井口装置中的一个部件。它的一端与闸阀（控制钻井时所出泥浆与截止阀相通或中断的部件）相连；另一端与压力表（测定泥浆压力的一个装置）相连。

当转动手轮 4 时，阀杆 2 在填料盒 3 的螺孔中上下移动，以启闭阀体与压力表相通的孔道。如需调整压力表指针时，可逆时针旋转泄压螺钉 9，使其向下移动，致使 M14 螺孔中的 $\phi 4$ 小孔能泄去液体压力，而使压力表的指针调到零刻度线。

阀杆与填料盒之间的 O 形密封圈 8，以及填料盒与阀体之间的密封垫圈 7，是为了防止泥浆泄漏而设置的。

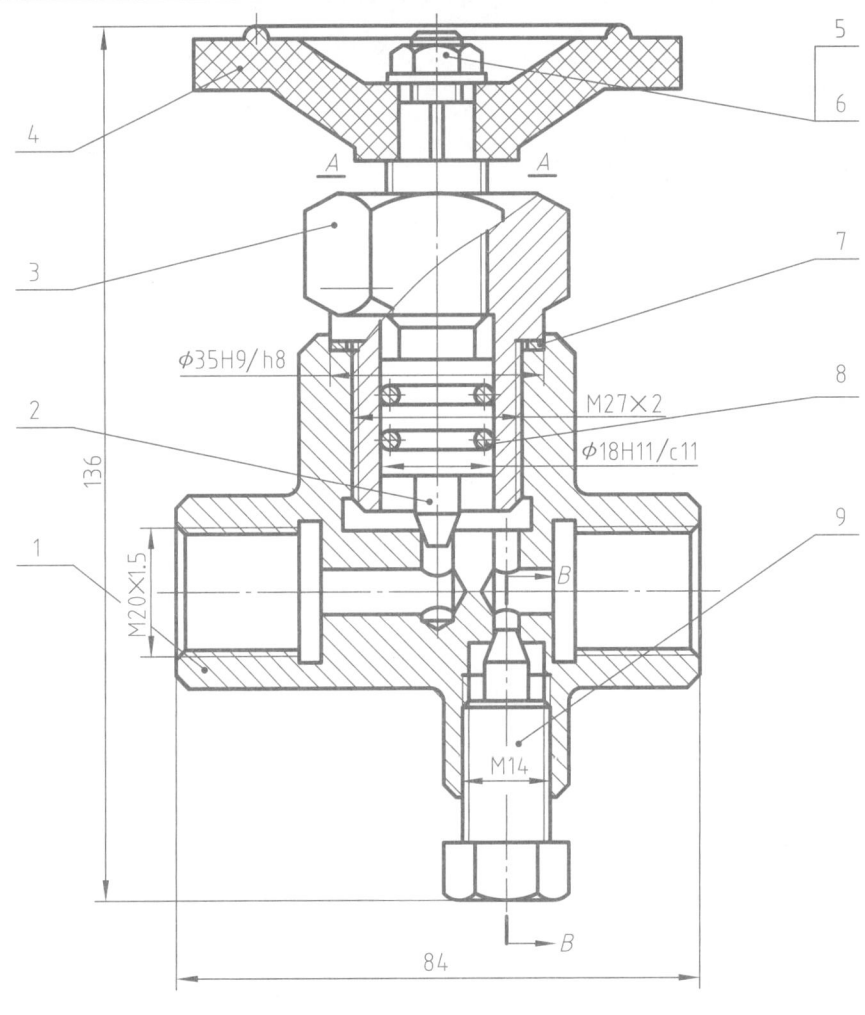

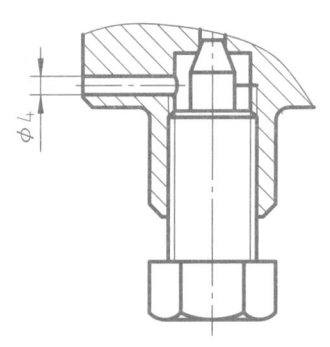

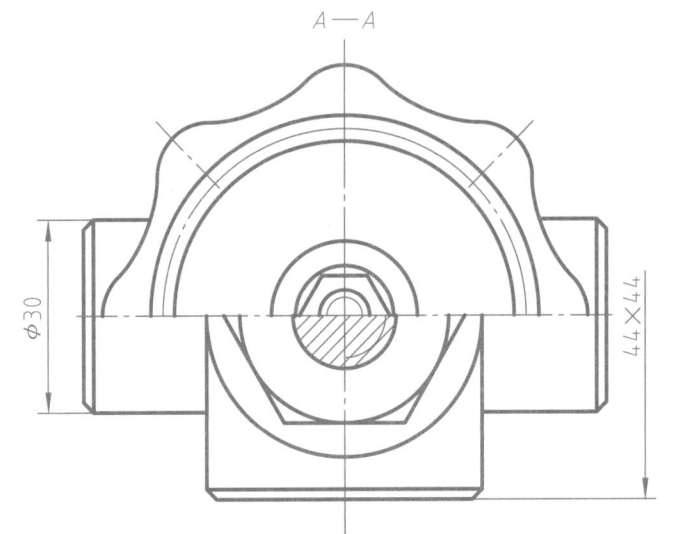

9	泄压螺钉	1	2Cr13	
8	O形密封圈	2	丁腈橡胶	GB 3452.1—2005
7	密封垫圈	1	T2	
6	螺母	1	35	GB/T 6170—2000
5	垫片	1	35	GB/T 97.1—2002
4	手轮	1	胶木	
3	填料盒	1	45	
2	阀杆	1	2Cr13	
1	阀体	1	45	
序号	名称	数量	材料	备注
截止阀		比例	1:1	第 页　　图号
		重量		共 页　　03—00
制图				
审核				

9-5　识读铣刀头装配图，并填空回答问题

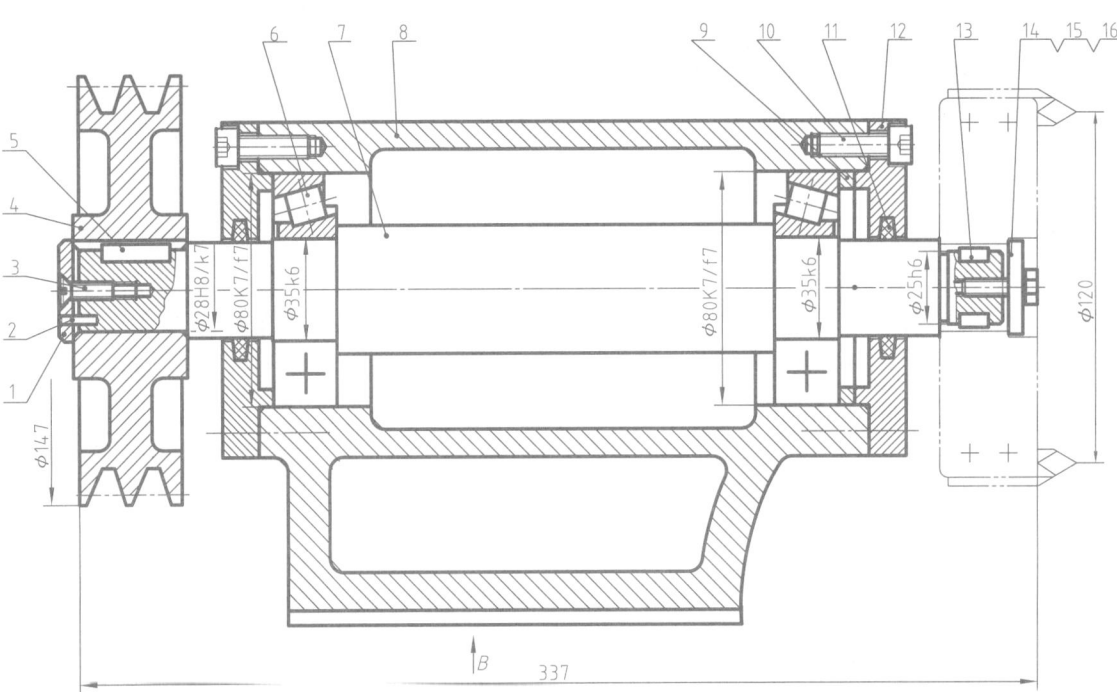

件8的 B 向视图

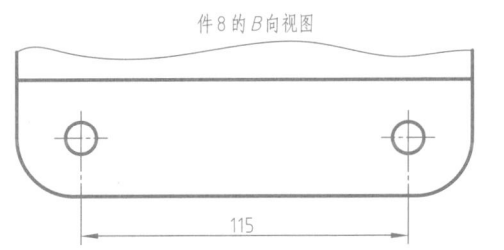

115

拆去件1、2、3、4、5

技术要求
1. 轴承用专用润滑脂润滑。
2. 安装调试后试运行，运行过程要转动平稳、无杂音。
3. 部件表面要做防锈处理。

（1）该装配图采用了＿＿＿＿＿＿＿＿＿＿＿＿＿＿
＿＿＿＿＿＿＿＿＿＿＿特殊表达方法。

（2）铣刀头共由＿＿＿个零件组成，其中标准件有
＿＿＿个。

（3）按装配图尺寸分类，写出铣刀头的安装尺寸
＿＿＿＿＿，装配尺寸＿＿＿＿＿＿＿＿＿＿，外形尺寸
＿＿＿＿＿＿，性能尺寸＿＿＿＿＿＿。

（4）零件 8 的 B 向视图作用是＿＿＿＿＿＿＿＿。

（5）装配图上有＿＿＿处螺纹连接。螺纹紧固件采用
＿＿＿画法。

（6）图中 $\frac{4\times\phi11}{\llcorner\phi22}$ 的含义是＿＿＿＿＿＿＿＿＿
＿＿＿＿＿＿＿＿＿＿＿＿。

（7）根据尺寸 $\phi80H7/f7$，该配合为＿＿＿＿＿制的
＿＿＿＿＿配合，公差等级为＿＿＿级。

16	螺栓M6	1	Q235	GB/T 5783—2000
15	弹簧垫圈6	1	65Mn	GB/T 93—1987
14	挡圈	1	35	
13	键	1	45	GB/T 1096—2003
12	端盖	2	35	GB/T 891—1986
11	毡圈	2	HT200	GB/T 891—1986
10	螺钉M8	12	羊毛毡	
9	调整环	1	35	
8	座体	1	HT200	
7	轴	1	45	

6	轴承30307	1	GCr15	GB/T 297—1994
5	键8×24	1	45	GB/T 1096—2003
4	带轮A型	1	HT150	
3	螺钉M6×18	1	35	GB/T 68—2000
2	销3×12	1	35	GB/T 119.1—2000
1	挡圈	1	35	
序 号	名　称	数量	材料	备注

铣刀头		比 例	1:2	第 页	图号
		重 量		共 页	04-00
制图					
审核					

9-6　识读钻模装配图，并填空、作图

（1）钻模由____种共____个零件组成，其中标准件有____个。

（2）钻模用了____个图形表达，其中主视图采用了_____和_____。

（3）零件 2 钻模板上有____个_____的钻套孔，该孔的定位尺寸是____。

（4）零件 3 钻套的材料是_____，主要作用是_____。图中细双点画线表示_____。

（5）零件 1 底座上有_____圆弧槽，其作用是_____，底座与被加工件的定位尺寸是____。

（6）尺寸 ϕ38H7/k6 是零件____和零件____之间的____尺寸，它们属于____制配合，其中 H7 表示____的公差带代号，n6 表示____的公差带代号。

（7）在 A3 图纸上拆画零件 1 底座的零件图。

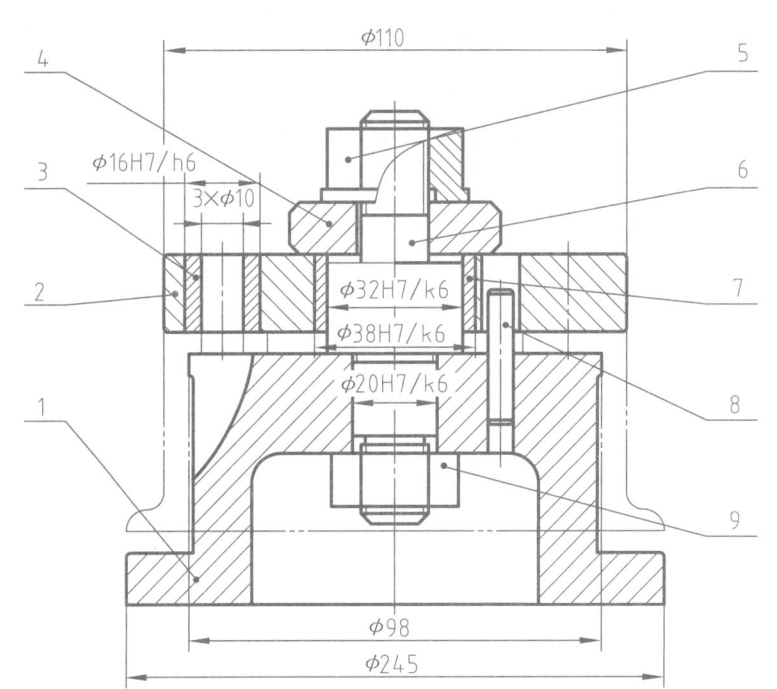

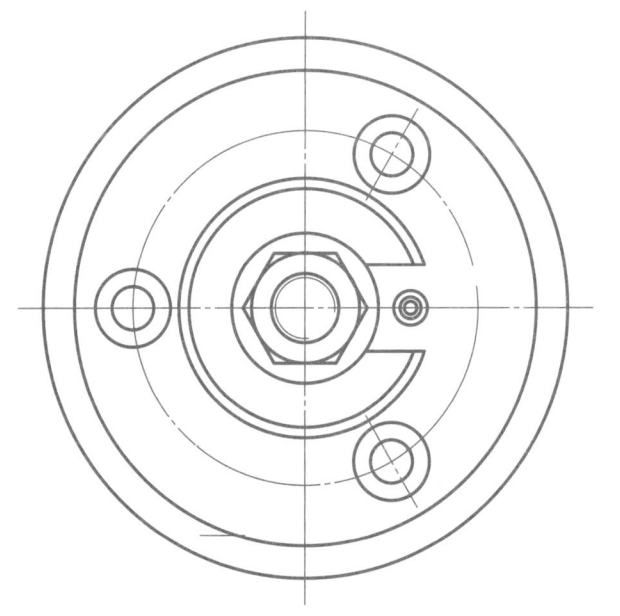

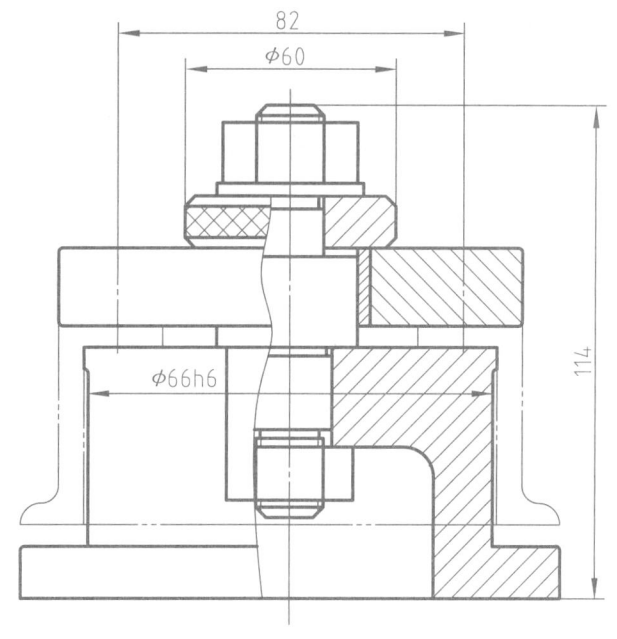

工作情况说明

钻模用于装夹、定位工件（图中双点画线所示）以便钻头在工件上钻孔。将工件装在钻模上，即可用钻头钻孔。在钻完后旋松特制螺终 5，取出开口垫圈 4，即可拆下钻模板，从而拿出工件。

9	螺母	1	45	GB/ T 6710—2000
8	销	2	45	GB/ T 119.1—2000
7	衬套	1	Q235	
6	轴	1	40	
5	特制螺母	1	45	
4	开口垫圈	1	45	
3	钻套	1	45	
2	钻模板	1	45	
1	底座	1	HT300	
序 号	名 称	数 量	材 料	备注

钻模		比 例	1:1	第 页	图号
		重 量		共 页	05-00

制 图			
审 核			

9-7　识读柱塞泵装配图，在 A3 图纸上拆画件 1 泵体的零件图

柱塞泵工作原理

柱塞泵是用来提高输送液体压力的供油部件，当柱塞泵往复运动时，液体由下阀瓣 14 处进入，由上阀瓣 10 处流出。柱塞 5 与衬套 8 之间为间隙配合，当柱塞在外力推动下向右移动时，油腔体积增大形成负压，油箱中的液体在大气压的作用下推开下阀瓣 14 进入油腔，而上阀瓣 10 紧紧关闭；当柱塞 5 向左移动时，油腔体积变小，压力增大，下阀瓣 14 关闭，上阀瓣 10 打开，液体流出，由于柱塞 5 的往复运动，液体不断地从油箱中输送到系统。

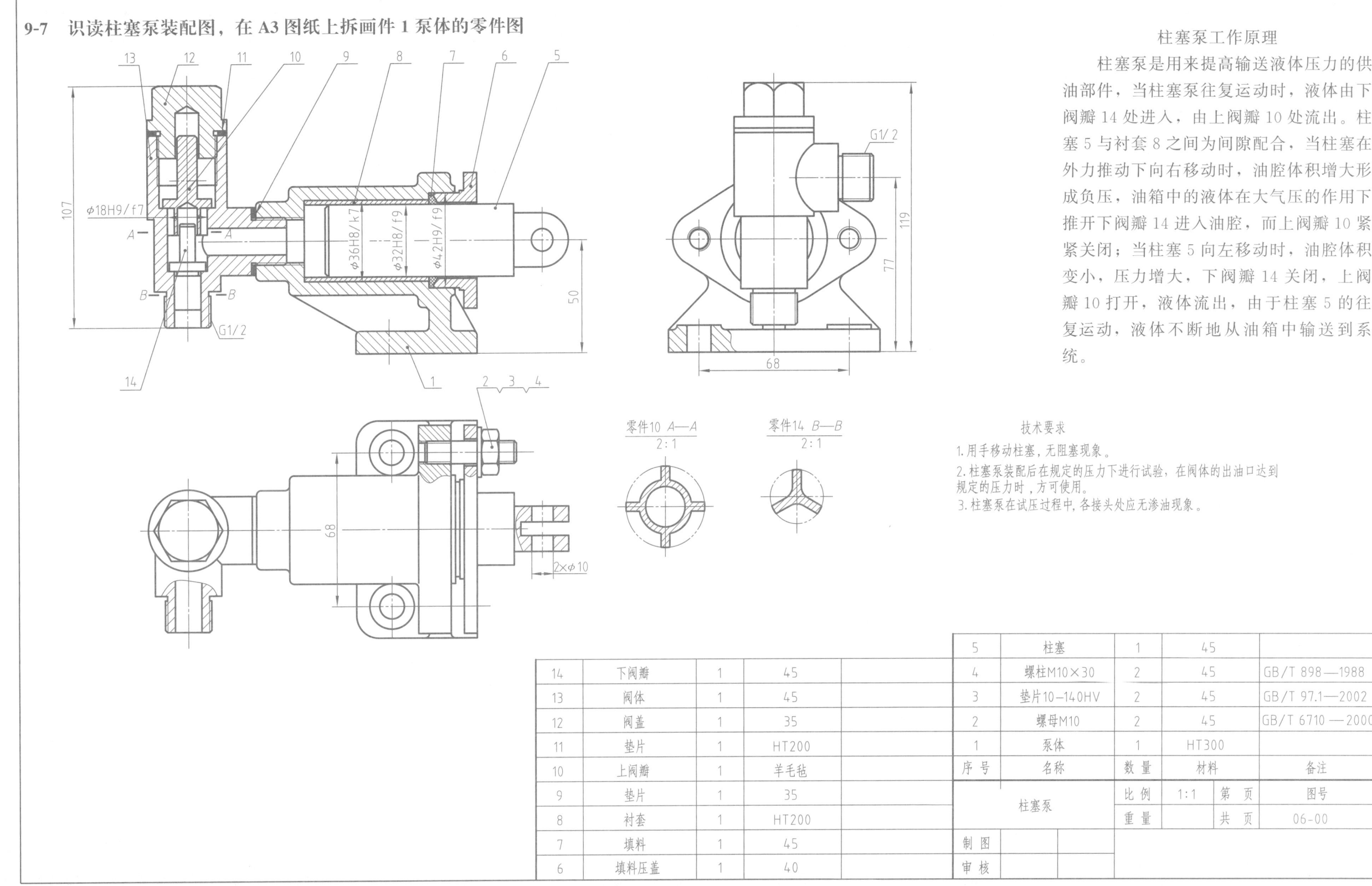

零件10 A—A
2:1

零件14 B—B
2:1

技术要求
1.用手移动柱塞，无阻塞现象。
2.柱塞泵装配后在规定的压力下进行试验，在阀体的出油口达到规定的压力时，方可使用。
3.柱塞泵在试压过程中，各接头处应无渗油现象。

14	下阀瓣	1	45	
13	阀体	1	45	
12	阀盖	1	35	
11	垫片	1	HT200	
10	上阀瓣	1	羊毛毡	
9	垫片	1	35	
8	衬套	1	HT200	
7	填料	1	45	
6	填料压盖	1	40	

5	柱塞	1	45	
4	螺柱M10×30	2	45	GB/T 898—1988
3	垫片10—140HV	2	45	GB/T 97.1—2002
2	螺母M10	2	45	GB/T 6710—2000
1	泵体	1	HT300	
序号	名称	数量	材料	备注

柱塞泵		比例	1:1	第 页	图号
		重量		共 页	06-00
制 图					
审 核					

10-1 画出立体表面的展开图

（1）正四棱台。

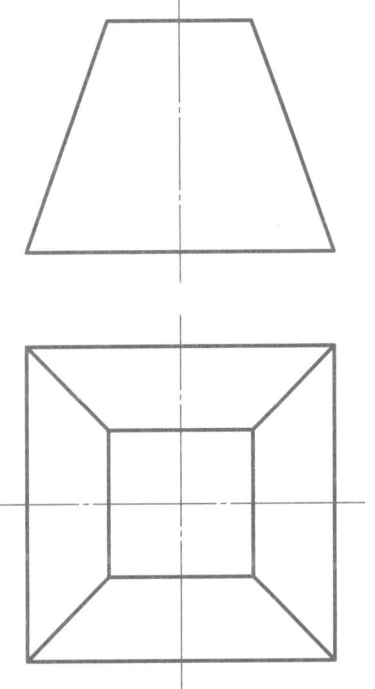

（2）截头圆锥。

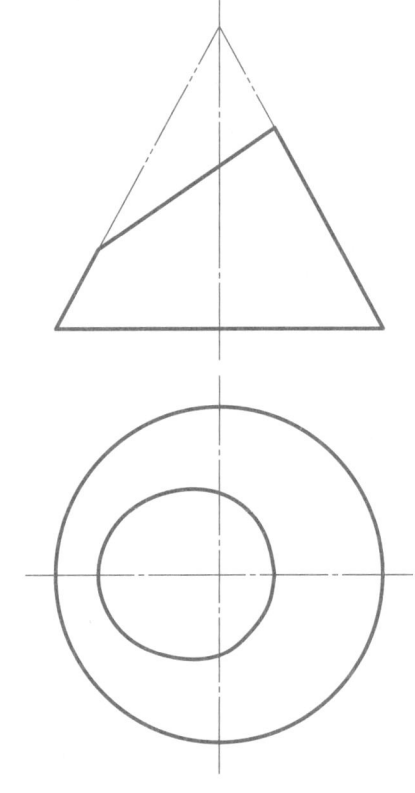

（3）画出漏斗的展开图。

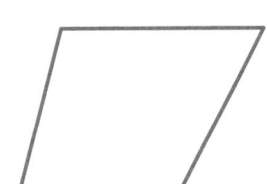

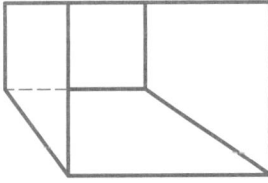

（4）画出变形接头的表面展开图。

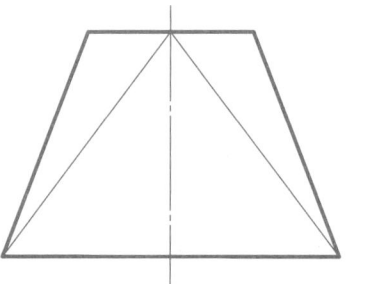

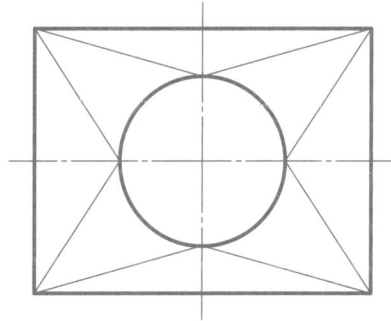

（5）画出五节弯头的表面展开图。　　　　　　　　　　　　　（6）画出三通管接头的两圆柱管的表面展开图。

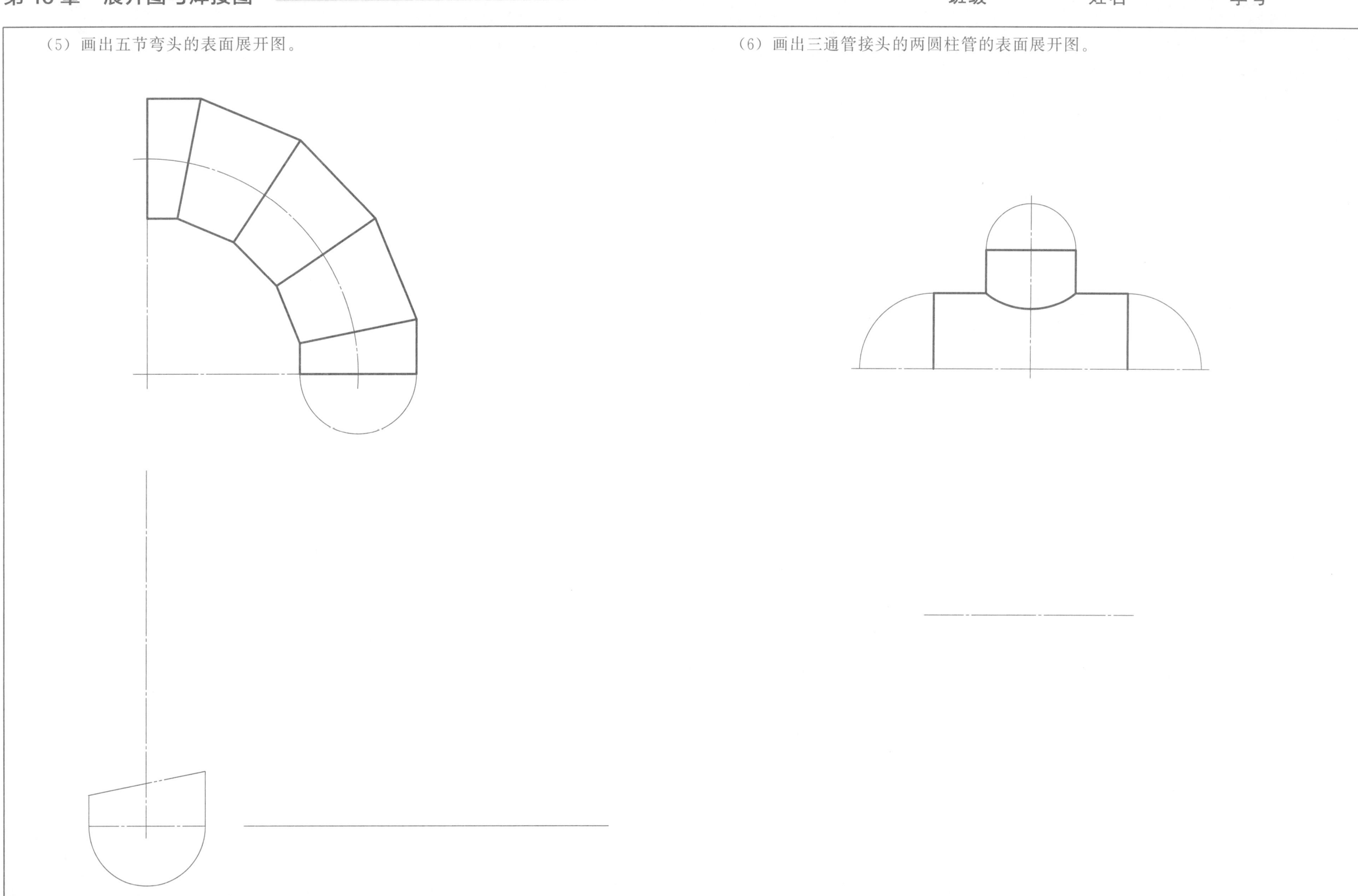

10-2　识读焊接图

（1）识读支架焊接图，并填空。

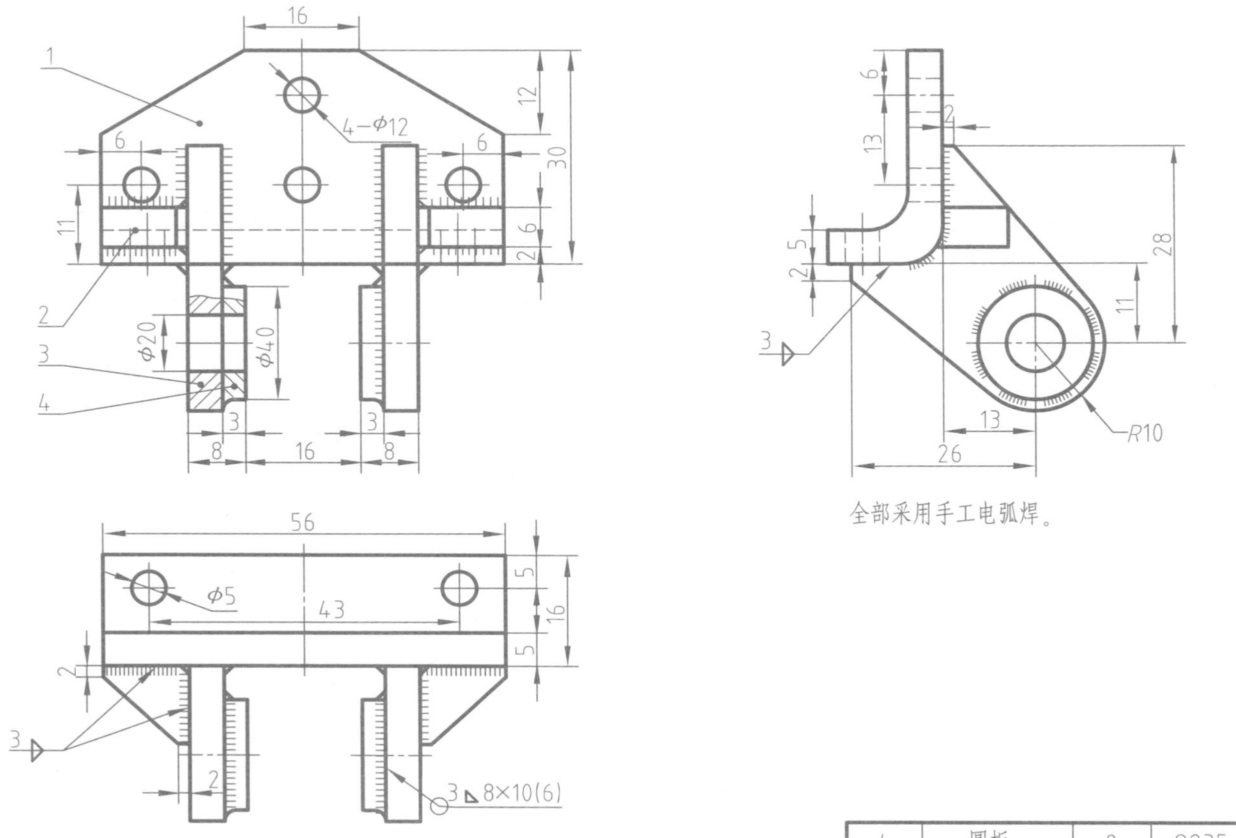

全部采用手工电弧焊。

序号	名称	数量	材料	备注
4	圆板	2	Q235	
3	支撑板	2	Q235	
2	肋板	2	Q235	
1	直角板	1	Q235	
	支架			
制图			（厂名）	
审核				

该支架由___块板焊接而成，有___种焊缝形式，采用的焊接方法为___。直角板、肋板、支撑板之间的焊缝标注为___，它表示___；圆板、支撑板之间的焊缝标注为___，它表示___。

（2）在支座上标注焊缝代号。

底板 1 与支撑板 2 之间采用手工电弧焊，双面角焊缝，焊角高度 K 为 8mm。侧板 3 与支撑板 2 之间也采用手工电弧焊，四周围都是角焊缝，焊角高度 K 为 6mm。

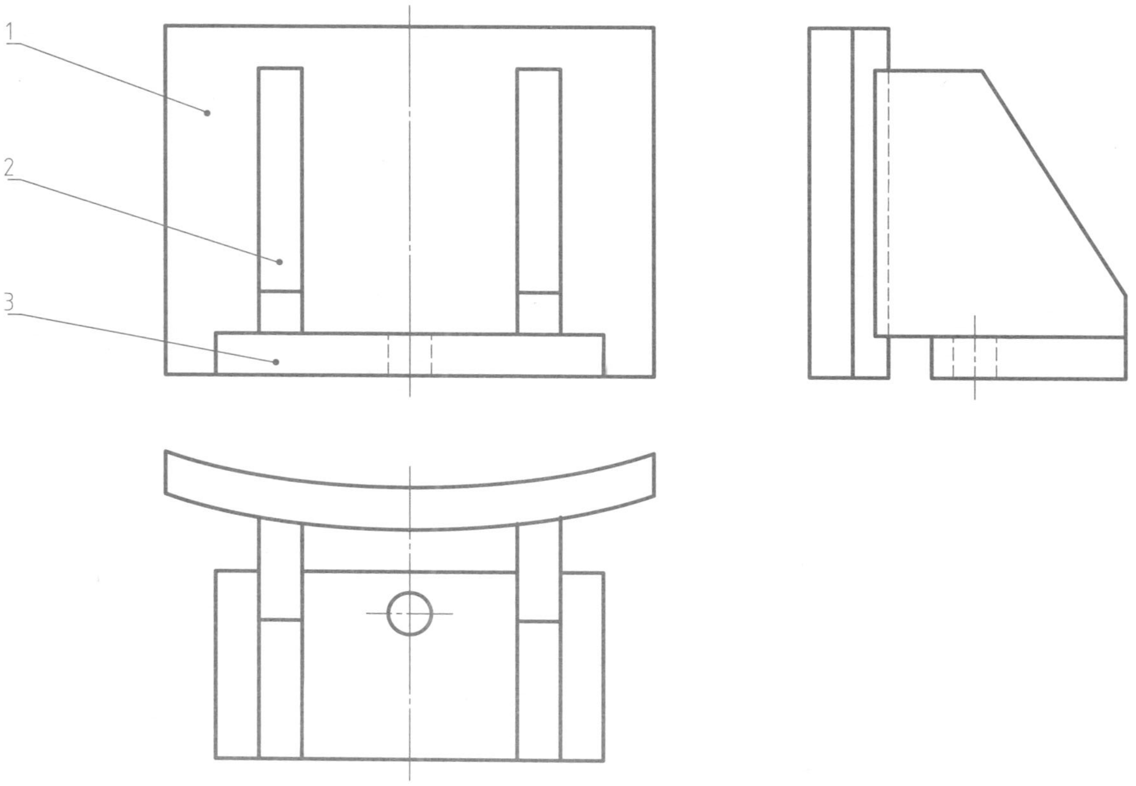

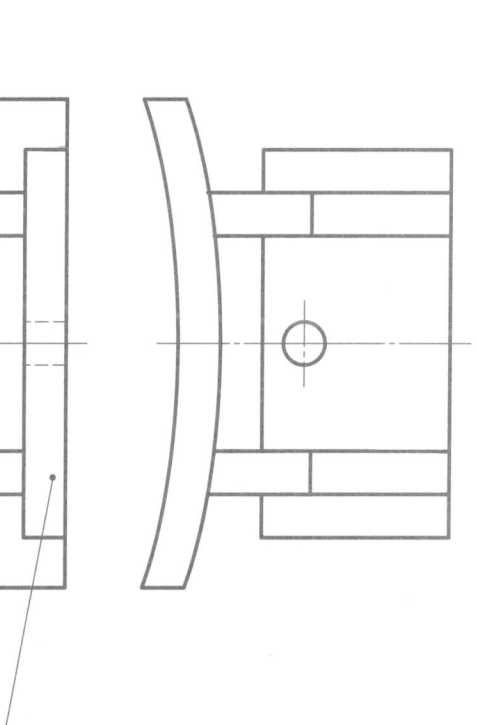

诚　杜　　20　—20　学年第　　学期《机械制图》试卷　　卷
信　绝　　使用班级：　　　　　　　　　　　课程编号：
考　作　闭　卷　　　　　　　　　　　　答题时间：120 分钟
试　弊

得分 □

题号	一	二	三	四	五	总分
得分						

一、点、直线、平面投影。（24 分）

得分 □□

1. 已知点 A 在 V 面上，点 B 在点 A 的前方 25，点 C 距 W、V 等距，试完成点 A、B、C 三点投影。（6 分）

2. 已知直线 AB 为水平线，AB＝40，$\beta=30°$，点 B 在点 A 的右前方，完成 AB 线两面投影。（6 分）

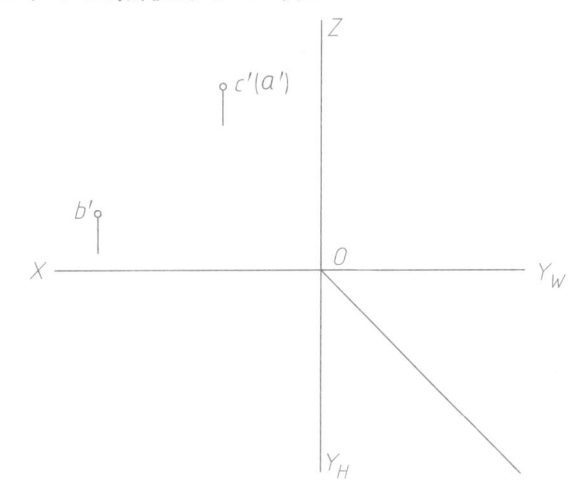

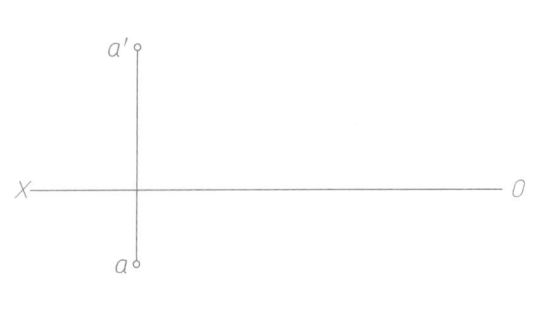

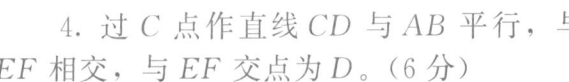

3. AM 和 AN 分别是△ABC 上的水平线和正平线，完成△ABC 的正面投影。（6 分）

4. 过 C 点作直线 CD 与 AB 平行，与 EF 相交，与 EF 交点为 D。（6 分）

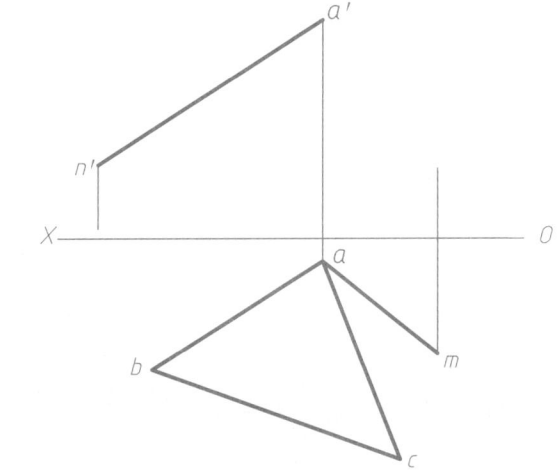

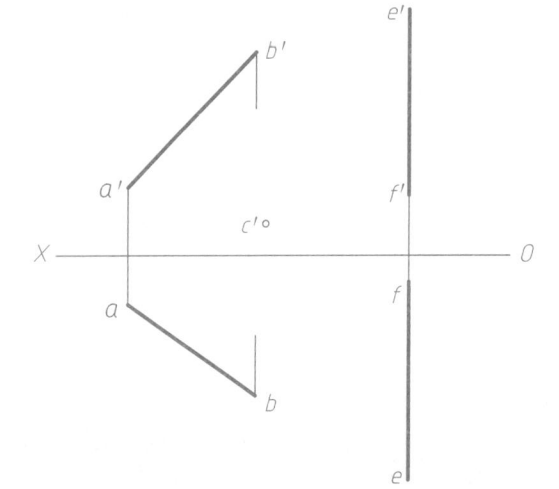

二、完成截断体、相贯体投影。（26 分）

得分 □

1. 完成三棱锥切割体水平投影。（6 分）　　2. 完成圆柱切割体的侧面投影。（8 分）

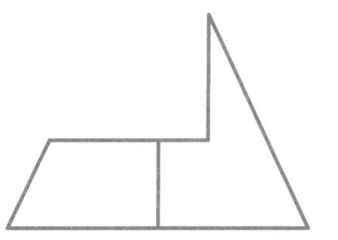

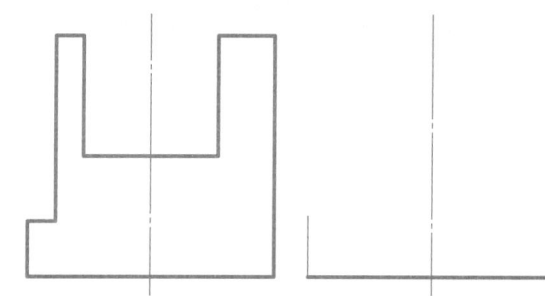

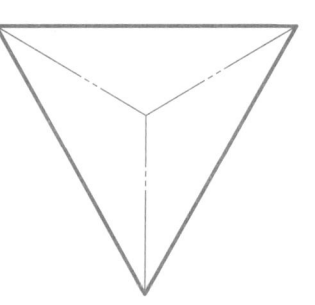

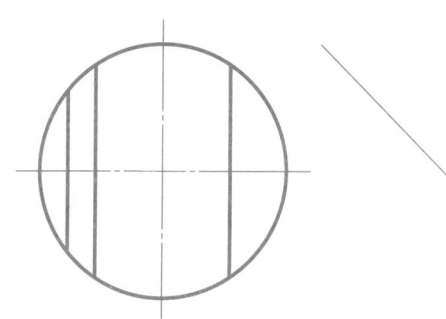

3. 完成相贯体投影。（6 分）　　　　　　　　4. 求特殊相贯线。（6 分）

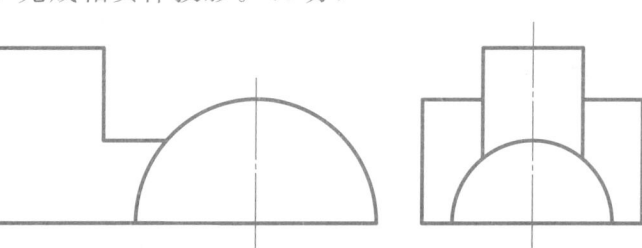

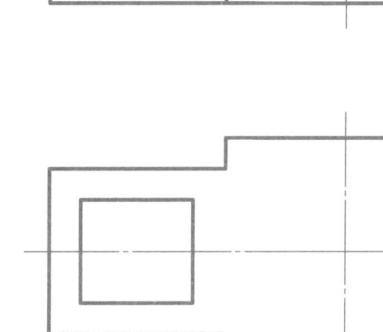

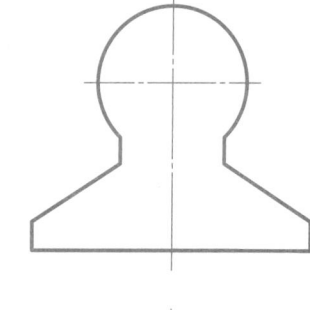

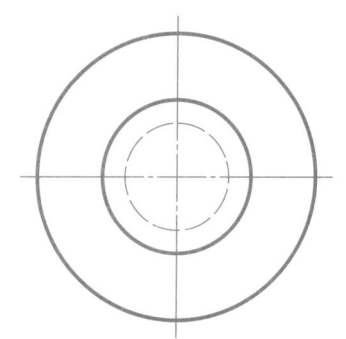

三、由轴测图量取尺寸，绘制形体三视图。（12 分）　　得分 ▢

主视

四、由三视图量取尺寸，绘制轴测图（轴测种类自选）。（10 分）　　得分 ▢

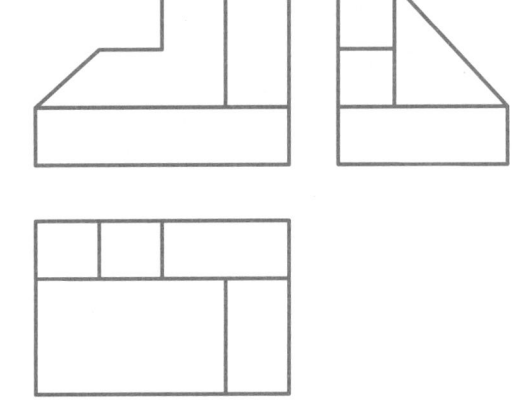

五、补图、补线。（28 分）　　得分 ▢

1. 根据形体的两面投影，补画第三投影。（每题 8 分，共 16 分）

(1)

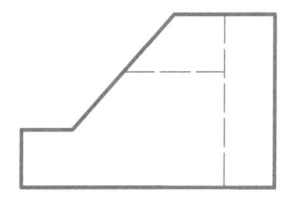

(2)

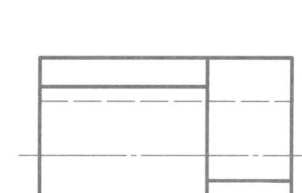

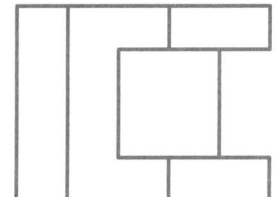

2. 补画三视图中遗漏的图线。（每题 6 分，共 12 分）

(1)

(2)

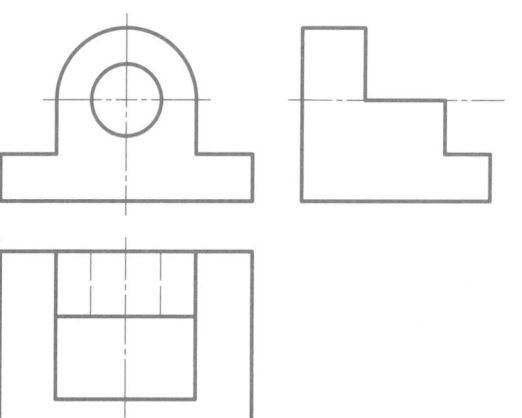

诚　杜　　20 —20 　学年第　　学期《机械制图》试卷　　卷
信　绝　　使用班级：　　　　　　　　　课程编号：
考　作　　闭　卷　　　　　　　　　　答题时间：120 分钟
试　弊

题号	一	二	三	四	五	总分
得分						

一、点、直线、平面投影。（24 分）

得分 [　　　]

1. 已知点 A 到 V、W 面等距，点 B 在点 A 之左方 20，前方 10，且点 B 在 H 面上，完成 A、B 两点投影。（6 分）

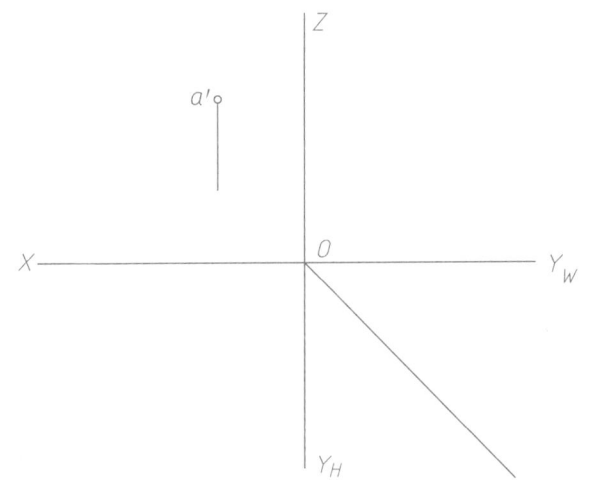

2. 求平面的 H 面投影及平面上直线的另两面投影，该平面为（　　）面，DE 为（　　）线。（6 分）

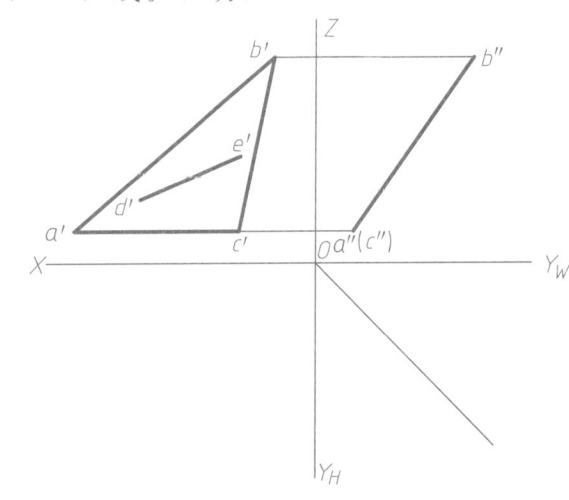

3. AM 是 △ABC 平面内的正平线，求作 △ABC 和直线 AM 的水平投影。（6 分）

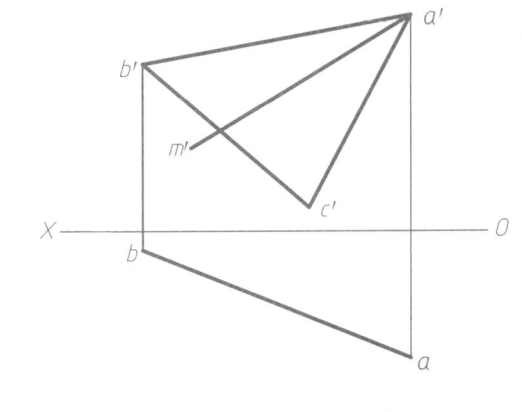

4. 作一正平线 MN 与直线 AB、CD、EF 都相交，求直线 MN 的两面投影。（6 分）

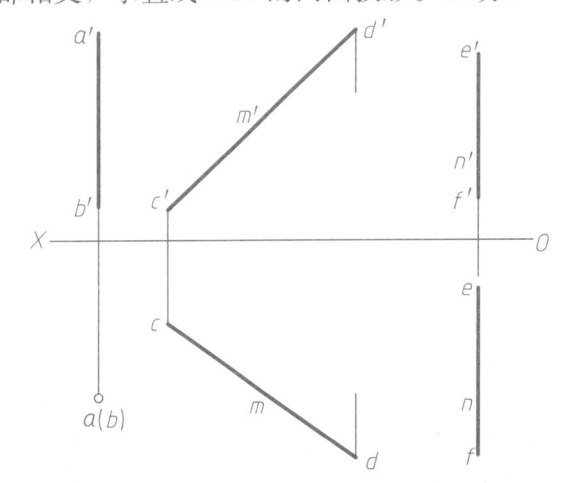

二、完成截断体、相贯体投影。（26 分）

得分 [　　　]

1. 完成三棱柱切割体水平投影。（6 分）

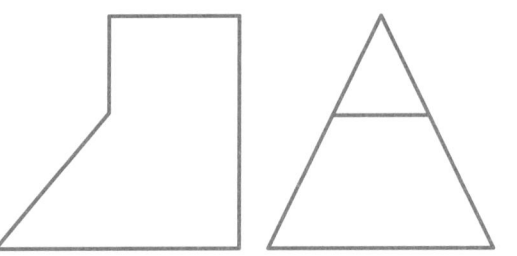

2. 完成圆柱切割体侧面投影。（6 分）

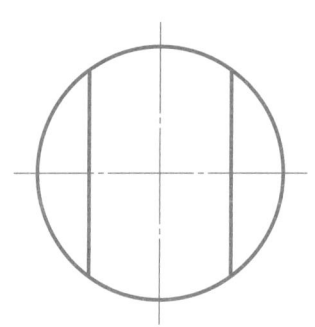

3. 完成相贯体投影。（8 分）

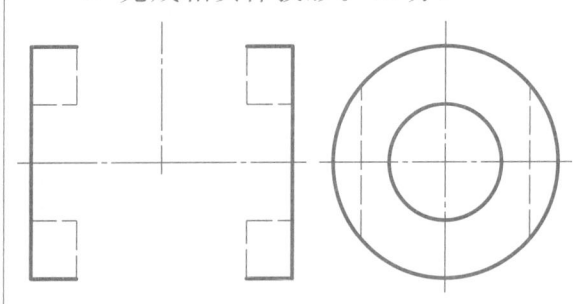

4. 求特殊相贯线。（6 分）

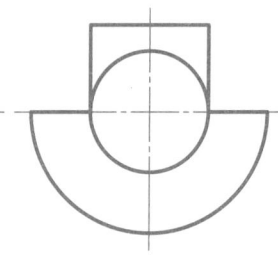

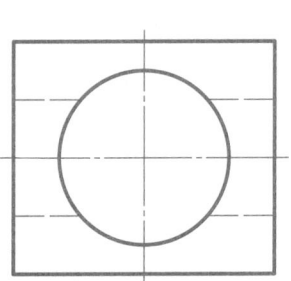

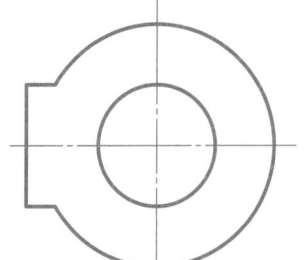

三、由轴测图量取尺寸，绘制形体三视图。（12分）　　得分

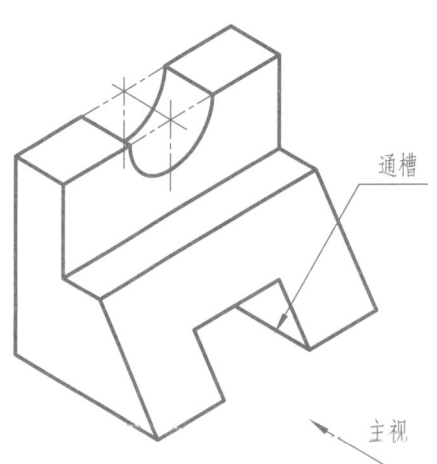

通槽

主视

四、由三视图量取尺寸，绘制轴测图（轴测种类自选）。（10分）　　得分

五、补图、画轴测图。（28分）　　得分

1. 根据形体的两面投影，补画第三投影。（每题8分，共16分）

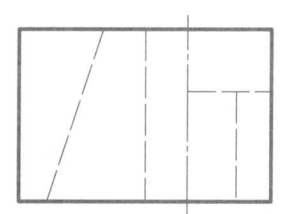

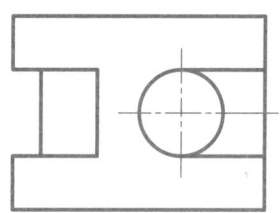

2. 补画三视图中遗漏的图线。（每题6分，共12分）

(1)

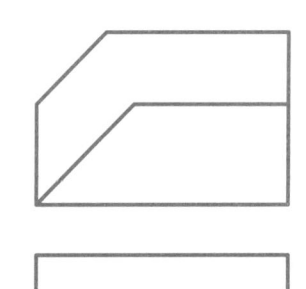

(2)

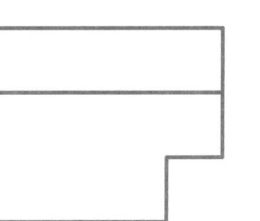

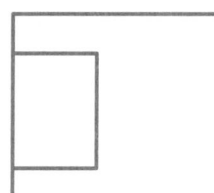

诚　杜　　20 —20 学年第　　学期《机械制图》试卷　　卷
信　绝　　使用班级：　　　　　　　　　课程编号：
考　作　闭　卷　　　　　　　　　答题时间：120 分钟
试　弊

题号	一	二	三	四	五	总分
得分						

一、点、直线、平面投影。（20 分）

得分　□

1. 根据点的相对位置作出点的投影。（6 分）

（1）点 B 在点 A 之左 15、之前 10、之下 15。

（2）点 C 在点 A 的正右方 12。

2. 已知正平线的实长为 36，补全其正面投影，并回答有几解。（4 分）

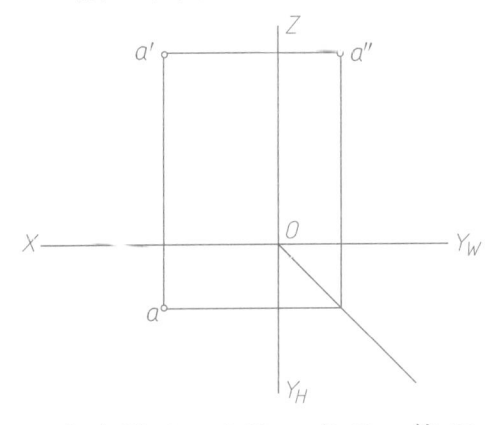

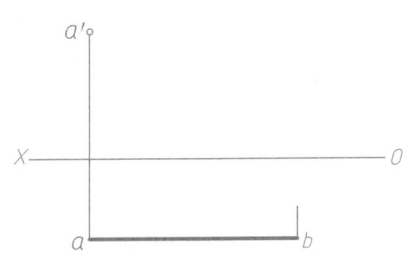

此题有 ___ 解。

3. 在直线 AB 上取一点 K，使 K 点与 H、W 面距离相等。（4 分）

4. 完成平面图形 $ABCD$ 的正面投影，已知 AB 为水平线。（6 分）

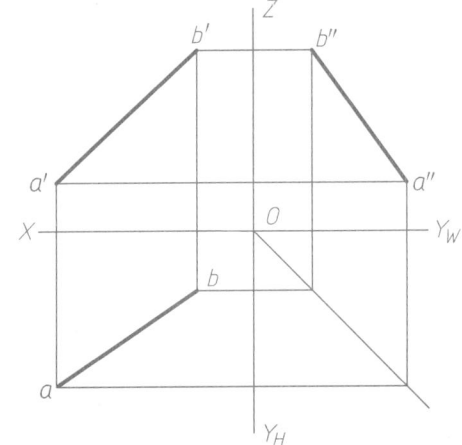

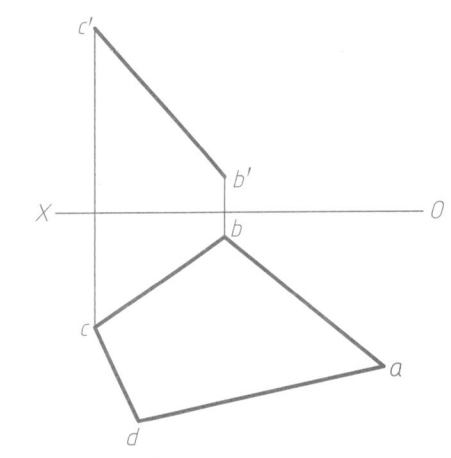

二、完成截断体、相贯体投影。（20 分）

得分　□

1. 完成四棱柱切割体侧面投影。（6 分）　2. 完成复合切割体侧面投影。（8 分）

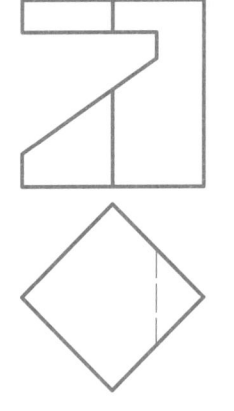

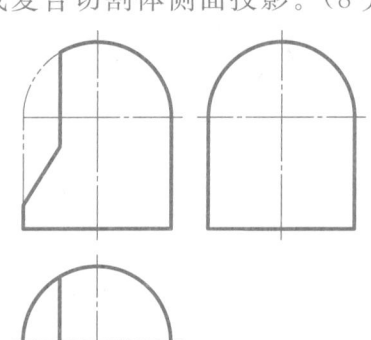

3. 补画相贯线的正面投影。（6 分）

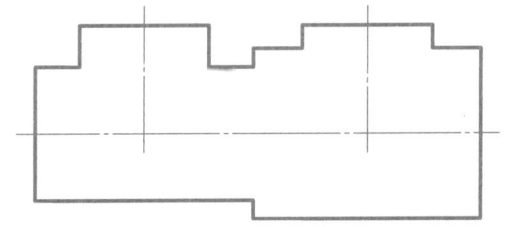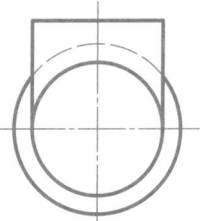

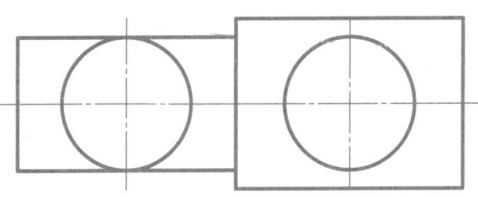

三、由三视图量取尺寸，绘制轴测图（轴测种类自选）。（10 分）

得分　□

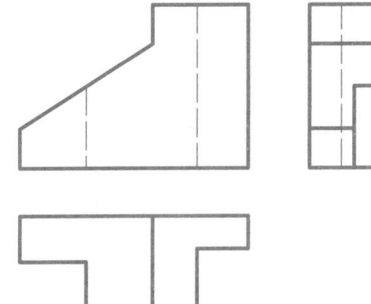

四、组合体。（30分）　　　　　　　　　　得分 ☐

1. 由轴测图量取尺寸，绘制形体三视图。（12分）

通孔
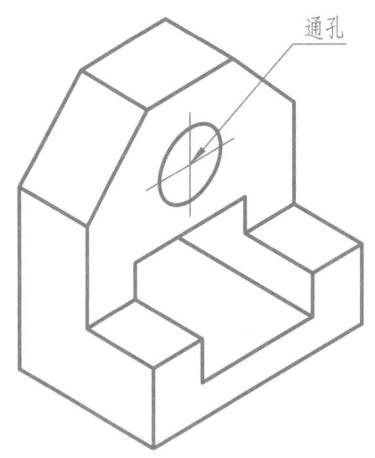

2. 根据给出的两面投影图，补画第三投影。（8分）

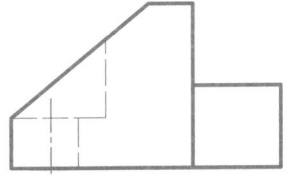

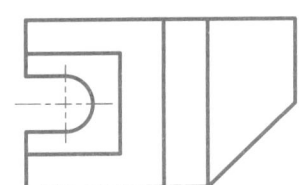

3. 补画视图、剖视图中遗漏的图线。（每题5分，共计10分）

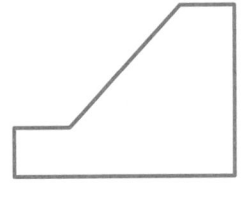 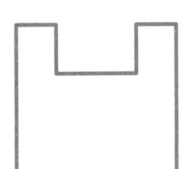

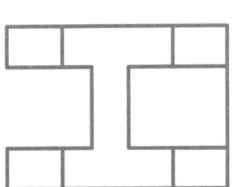

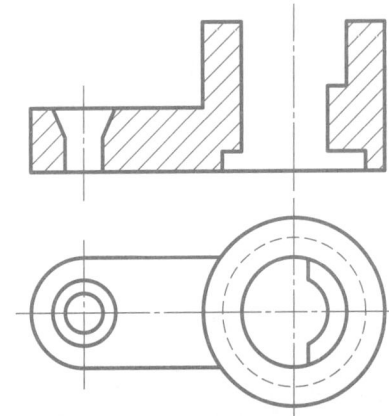

五、机件表达方法。（20分）　　　　　　　得分 ☐

1. 在图中指定的位置上，把主视图画成半剖视，左视图画成全剖视。（14分）

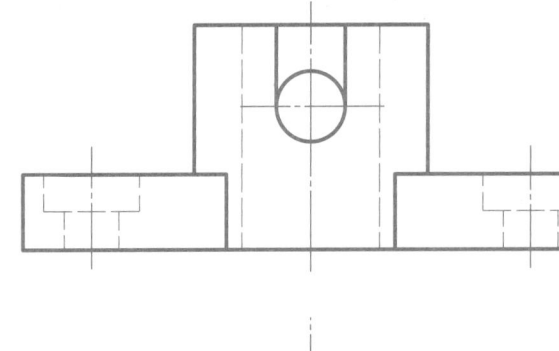

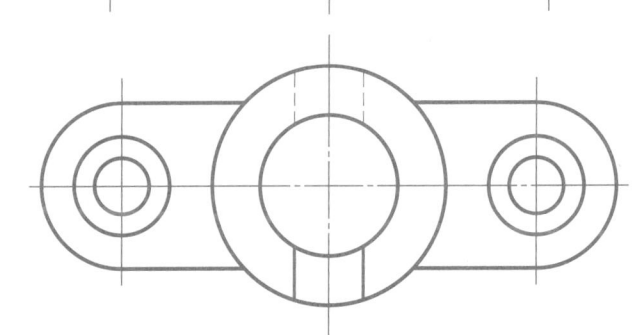

2. 在指定位置画出 A—A、B—B 断面图。（6分）

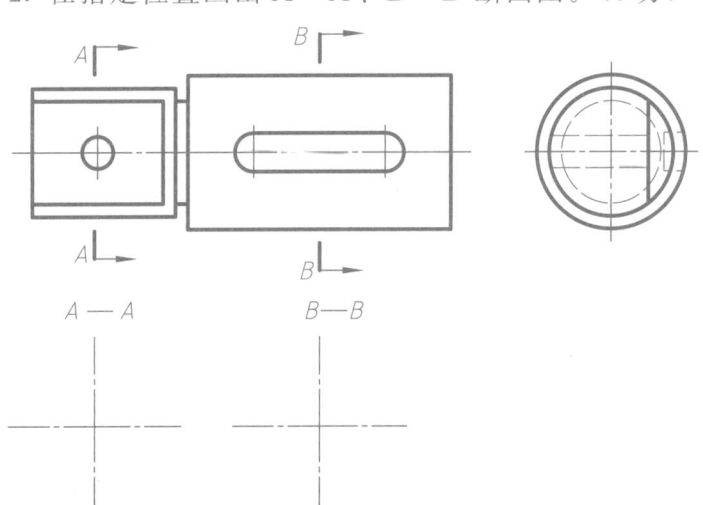

A—A　　　　　B—B

模拟试卷（四）

诚杜　20 —20 学年第　　学期《机械制图》试卷　卷
信绝　　使用班级：　　　　　课程编号：
考作　闭　卷　　　　　　答题时间：120 分钟
试弊

题号	一	二	三	四	五	总分
得分						

一、点、直线、平面投影。（20分）

得分 □

1. 已知点 B 距离点 A 为 15；点 C 与点 A 是对 V 面投影的重影点。补全各点的三面投影，并判别可见性。（4分）

2. 已知点 K 在直线 AB 上，完成直线的正面投影和侧面投影，并画出点 K 的水平投影和侧面投影。（6分）

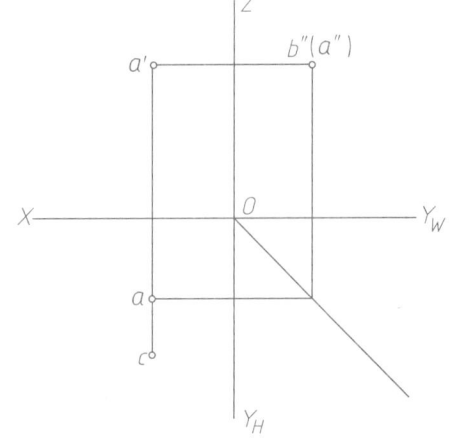
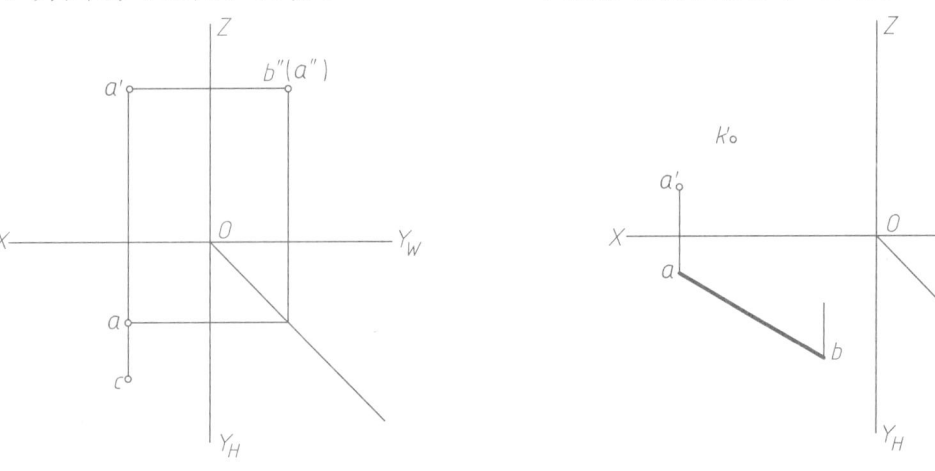

3. 在相交两直线决定的平面内过 E 点作水平线 EF 的两面投影。（4分）

4. 已知 K 点在平面 ABCD 上，完成平面的正面投影。（6分）

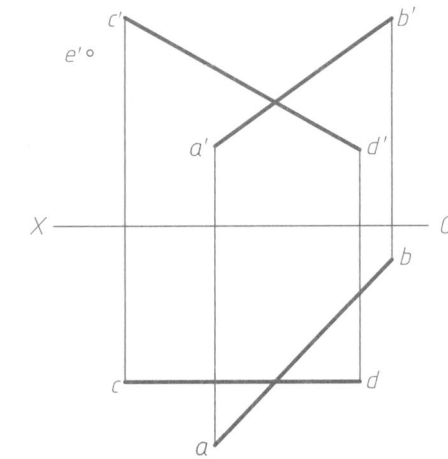
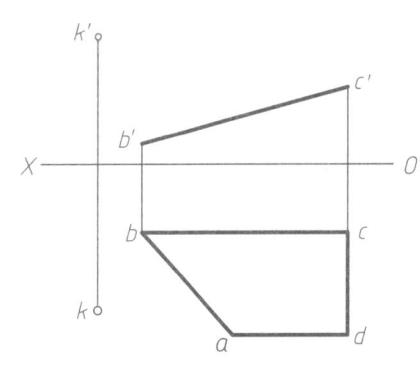

二、完成截断体、相贯体投影。（20分）

得分 □

1. 完成三棱柱切割体侧面投影。（6分）　　2. 完成复合切割体水平投影。（8分）

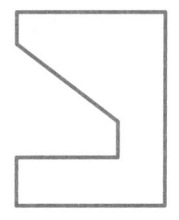
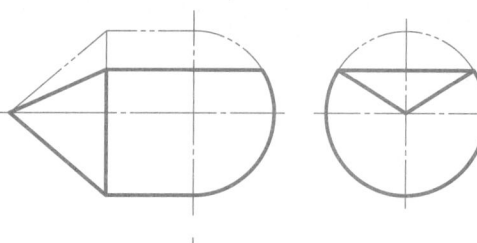
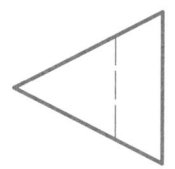

3. 补画相贯线的正面投影。（6分）

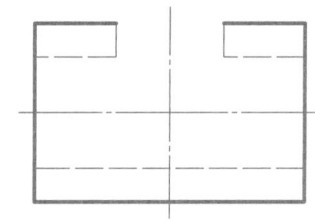
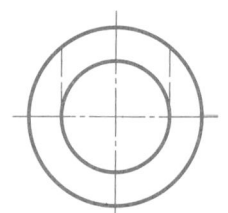
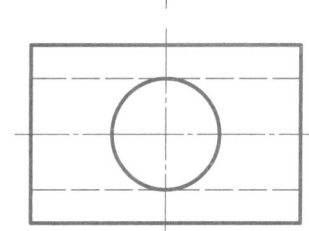

三、由三视图量取尺寸，绘制轴测图（轴测种类自选）。（10分）

得分 □

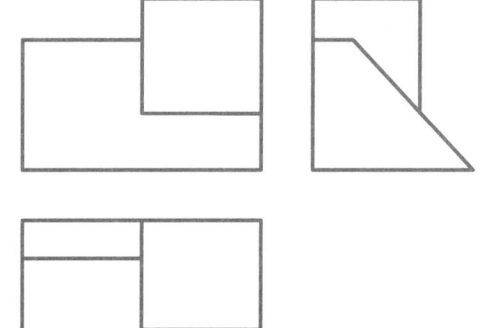

四、组合体。（30分）　　　　　　　得分 □□

1. 由轴测图量取尺寸，绘制形体三视图。（12分）

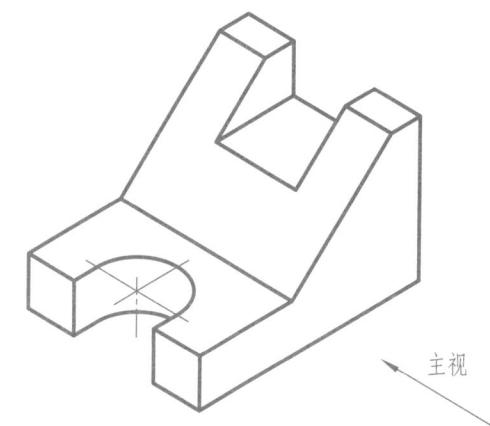

主视

2. 根据给出的两面投影图，补画第三投影。（8分）

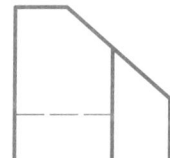

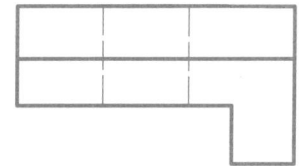

3. 补画视图、剖视图中遗漏的图线。（每题5分，共计10分）

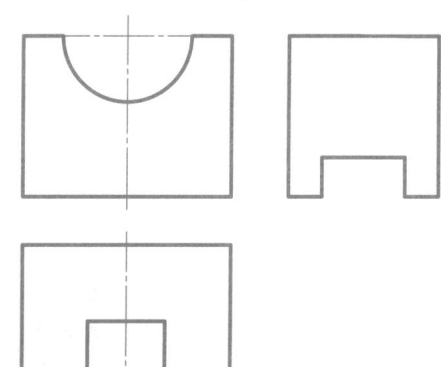

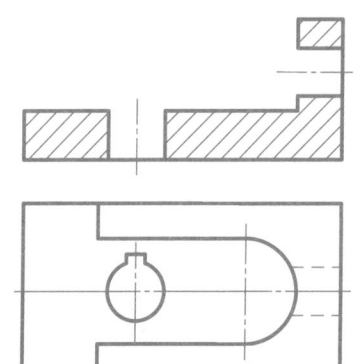

五、机件表达方法。（20分）　　　　　　　得分 □□

1. 在图中指定的位置上，把主视图画成半剖视，左视图画成全剖视。（14分）

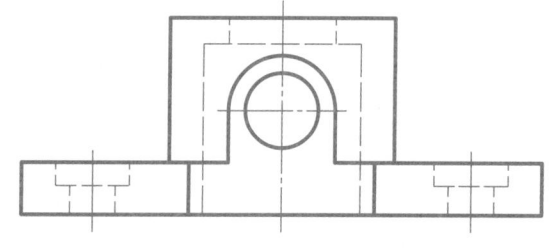

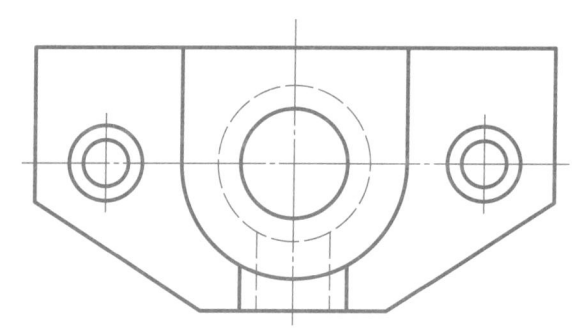

2. 在指定位置画出 A—A、B—B 断面图。（6分）

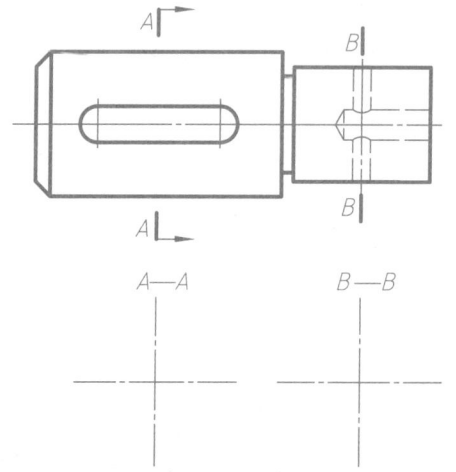

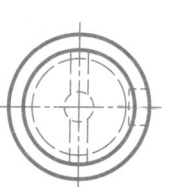

A—A　　　　　B—B

诚　杜　20　—20　学年第　　学期《机械制图》试卷　　卷
信　绝　　使用班级：　　　　　　　　课程编号：
考　作　闭　卷　　　　　　　　　　答题时间：120分钟
试　弊

得分	

题号	一	二	三	四	五	总分
得分						

一、点、直线、平面投影。（20分）

得分	

1. 根据给出 A、B、C 各点两面投影，补画第三投影，并连接完成直线 BC 的三面投影。（4分）

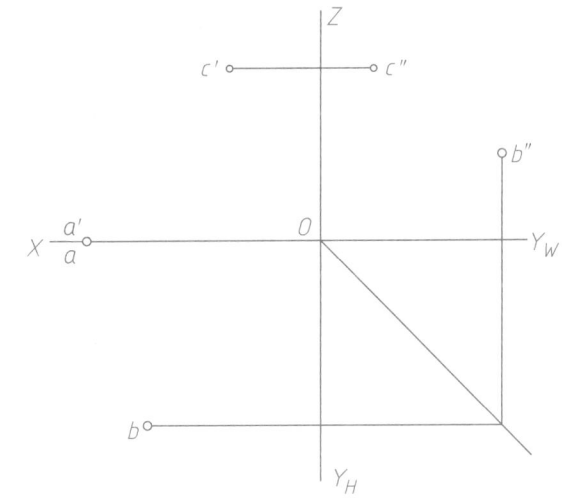

2. 求平面△ABC 的 W 面投影及平面上直线 DE 的另两面投影，该平面为（　　）面，DE 为（　　）线。（6分）

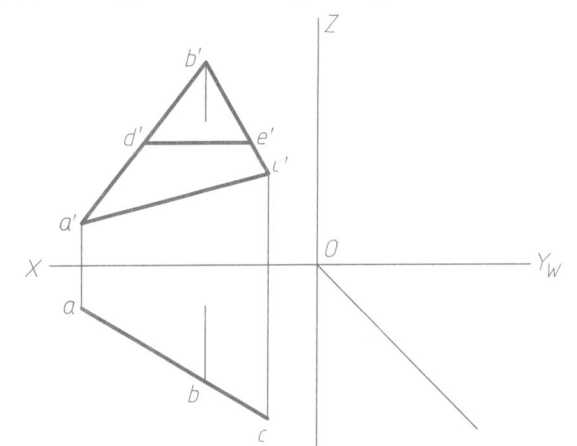

3. 过 C 点作直线 CD 与直线 AB 平行，已知 CD＝AB/2。该完成直线 CD 的两面投影。（4分）

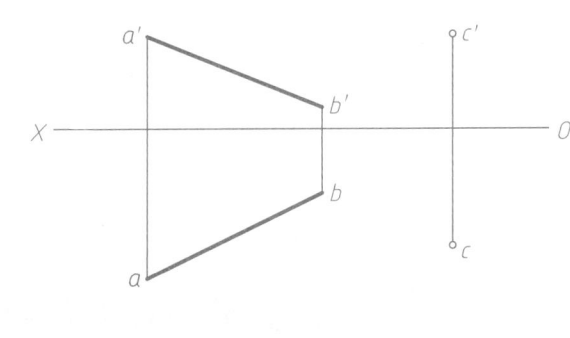

4. 试完成矩形 ABCD 的两面投影。（6分）

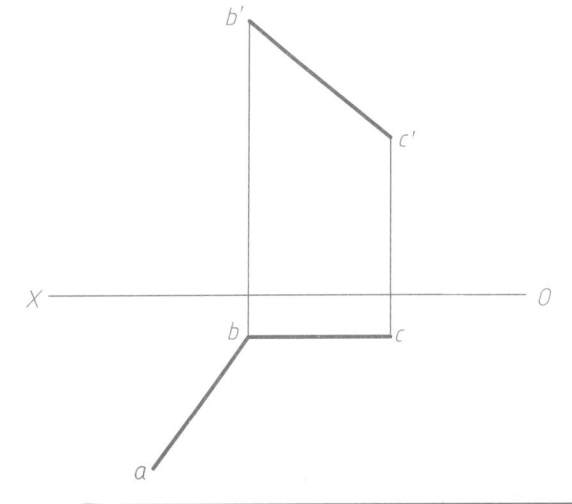

二、组合体。（40分）

得分	

1. 完成四棱锥切割体水平投影。（6分）　　2. 完成圆柱切割体侧面投影。（6分）

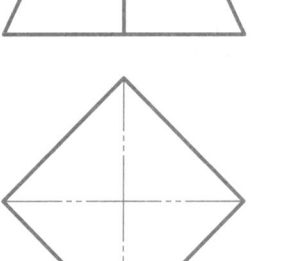

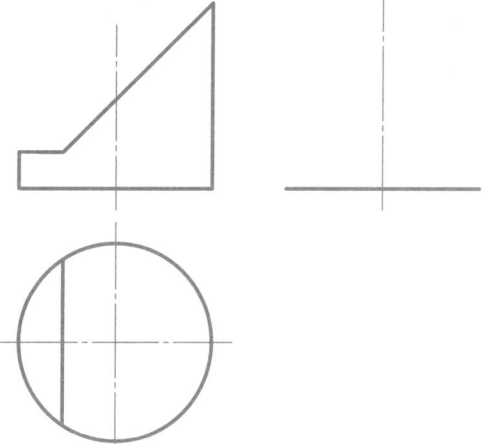

3. 由轴测图量取尺寸，绘制形体三视图。（12分）

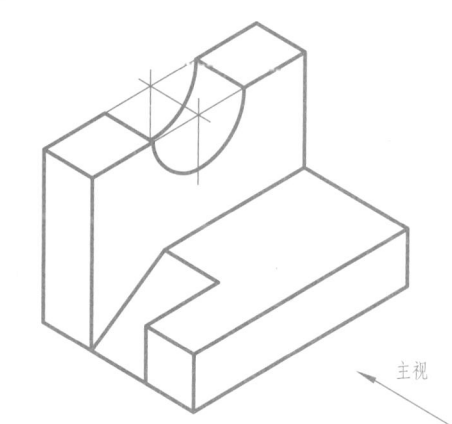

4. 补画第三视图，并绘制轴测图（轴测图种类自选，尺寸从图中量取）。（16分）

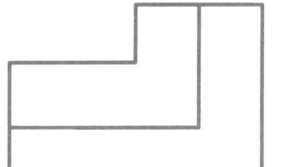

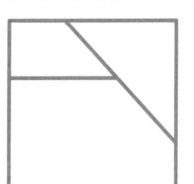

三、机件表达方法。（20分）　　　　得分 □

1. 在图中指定的位置上，把主视图画成半剖视，左视图画成全剖视。（12分）

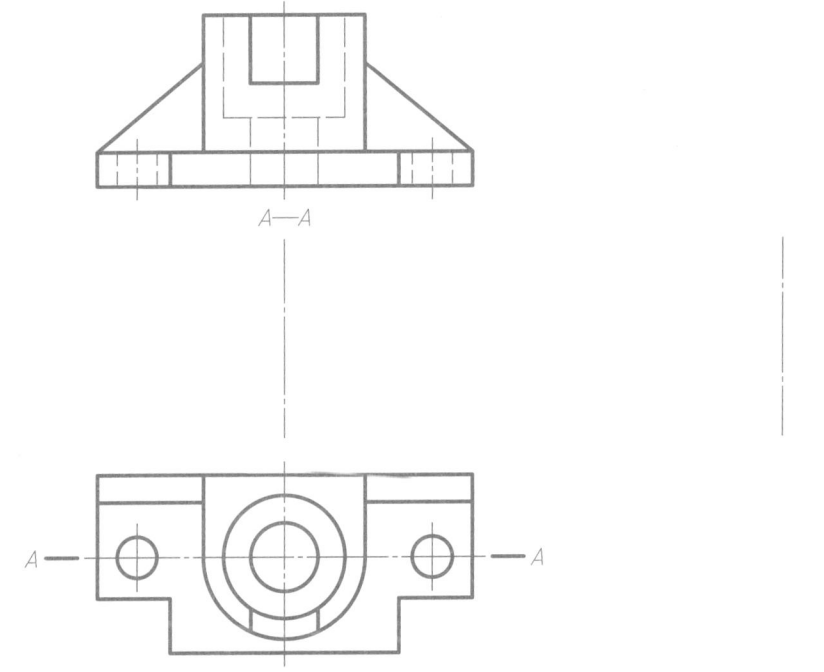

2. 补画视图、剖视图中遗漏的图线。（每题4分，共计8分）

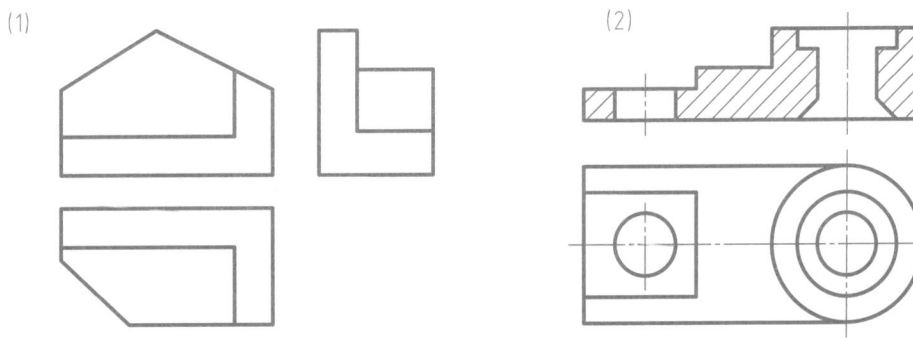

四、在图中圈出螺钉连接画法的错误之处，并在右侧画出正确图形。（10分）　　得分 □

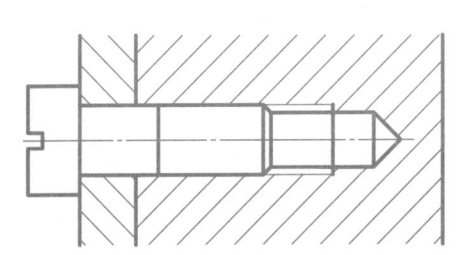
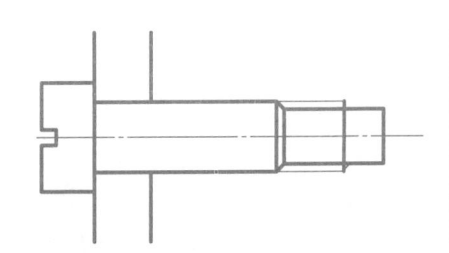

五、读零件图，填空。（10分）　　　　得分 □

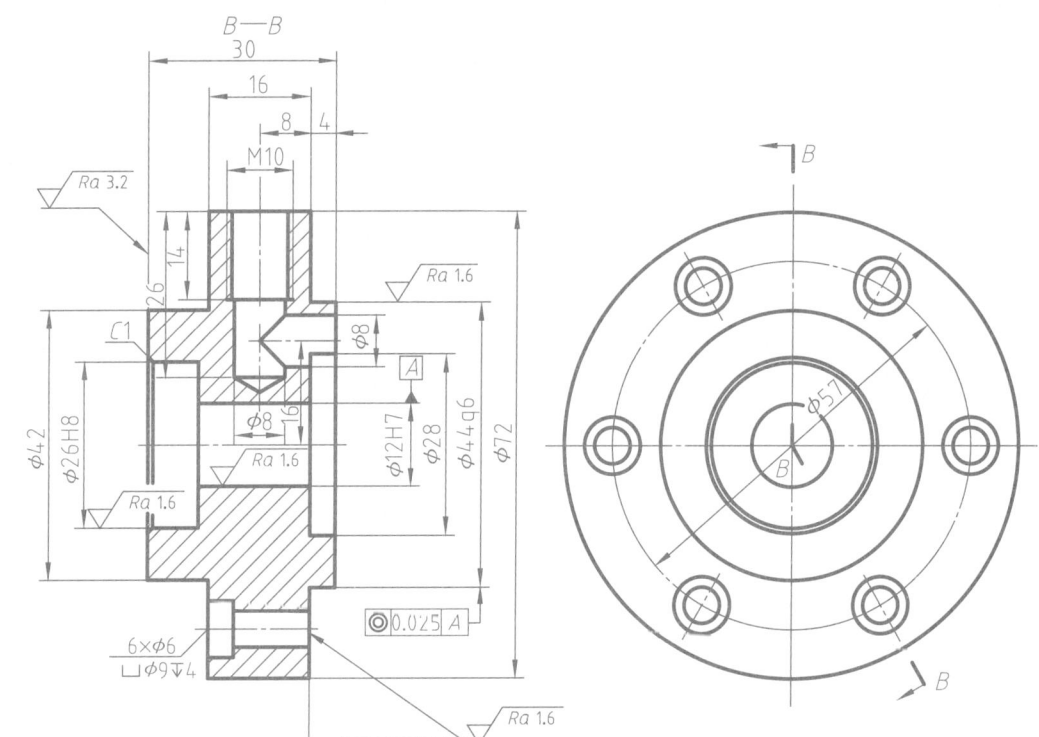

技　术　要　求
铸件不得有砂眼、裂纹。

$\sqrt{Ra12.5}$ ($\sqrt{}$)

端　盖	比例	数量	材料	图号
	1:1	1	A3	01
制图				
审核			（校名）	

（1）该零件图主视图采用了 $B-B$ _____ 剖视图。

（2）主视图上方标注的尺寸 M10 表示_____孔，螺孔深度为_____。

（3）ϕ12H7 公差等级为____级，该圆柱孔的表面粗糙度要求为_____。

（4）说明符号 ⊥|0.025|A 中被测要素为_____，基准要素为
_____，公差项目为_____。

（5）图中 $\frac{6\times\phi6}{\square\phi9\nabla4}$ 的含义是_____，其定位尺寸为_____。

诚 杜 20 —20 学年第　　学期《机械制图》试卷　　卷
信 绝　使用班级：　　　　　　　　　课程编号：
考 作 闭 卷　　　　　　　　　　答题时间：120 分钟
试 弊

题号	一	二	三	四	五	总分
得分						

一、点、直线、平面投影。（20 分）

得分

1. 已知 B 点在 A 点的正左方 10，C 点在 A 点前方 15，完成 A、B、C 三点的投影。（6 分）

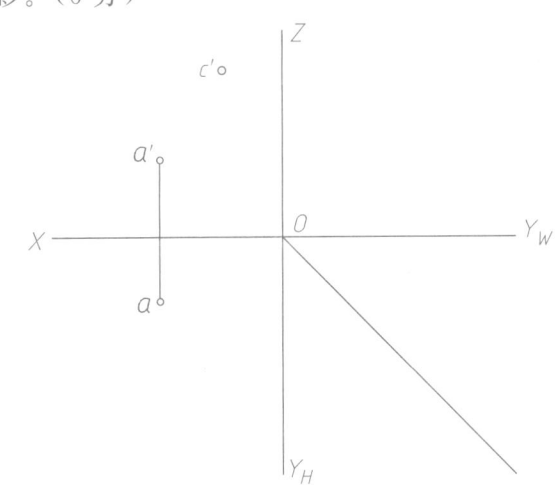

2. 判断下列直线对投影面的相对位置。（4 分）

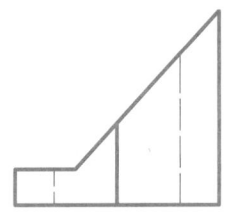

AB 是_____线　EF 是_____线
CD 是_____线　DG 是_____线

3. 已知 K 点在直线 EF 上，AB 与 EF 共面，完成直线 EF、AB 及 K 点的投影。（6 分）

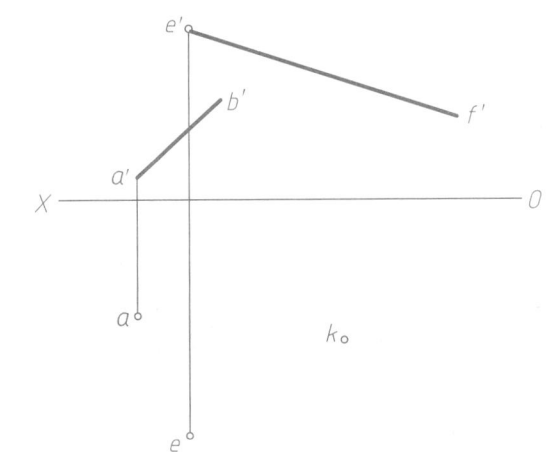

4. 作属于 $\triangle ABC$ 的水平线，该线在 H 面之上 15；作属于 $\triangle ABC$ 的正平线，该线在 V 面之前 10。（4 分）分别画出水平线与正平线的两面投影。

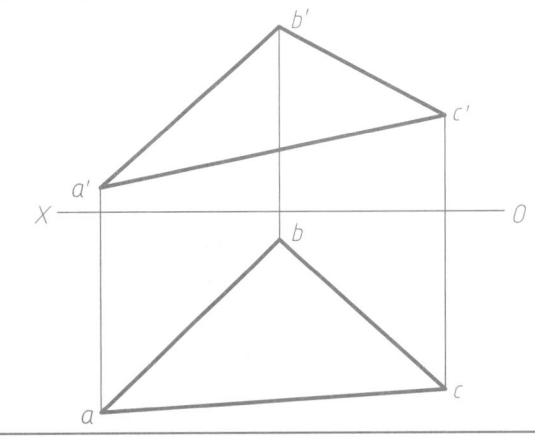

二、组合体。（40 分）

得分

1. 完成五棱柱切割体侧面投影。（6 分）　2. 完成圆锥切割体水平投影。（6 分）

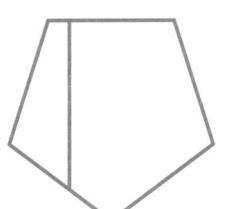 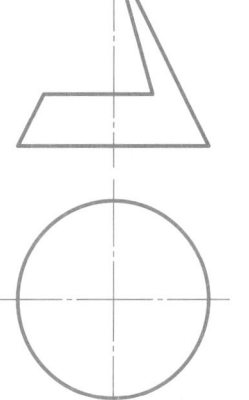

3. 由轴测图量取尺寸，绘制形体三视图。（12 分）

主视

4. 补画第三视图，并绘制轴测图（轴测图种类自选，尺寸从图中量取）。（16 分）

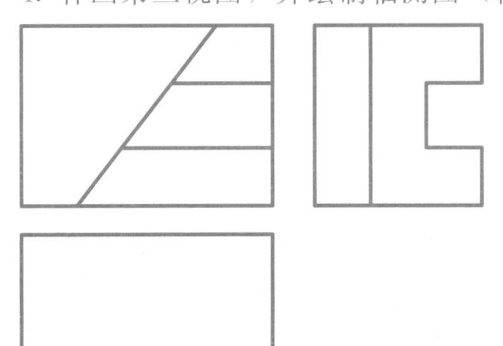

三、机件表达方法。（20分）　　　　　　　得分 ☐

1. 在图中指定的位置上，把主视图画成半剖视，左视图画成全剖视。（12分）

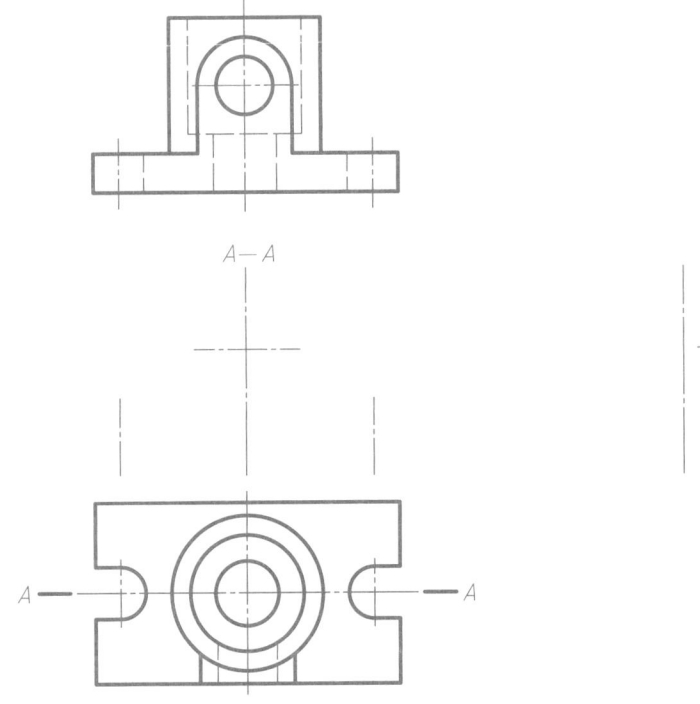

A—A

A —— A

2. 补画视图、剖视图中遗漏的图线。（每题 4 分，共计 8 分）

(1)　　　　　　　　　　　(2)

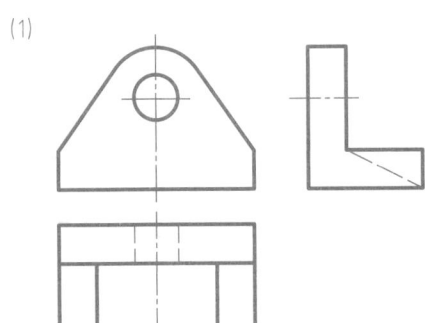
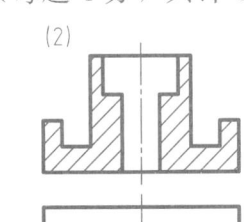
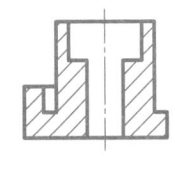
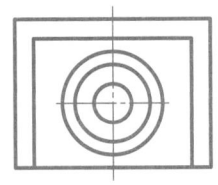
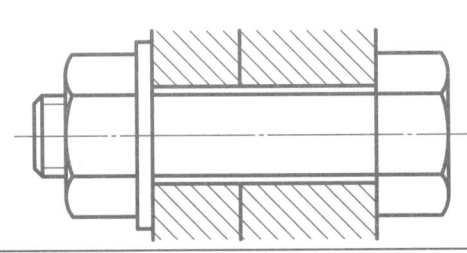
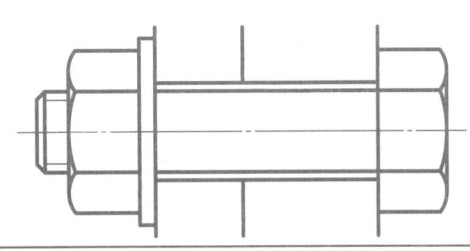

四、在图中找出螺栓连接画法的错误之处，在右侧画出正确图形。（10分）

得分 ☐

五、读零件图，填空。（10分）　　　　　　得分 ☐

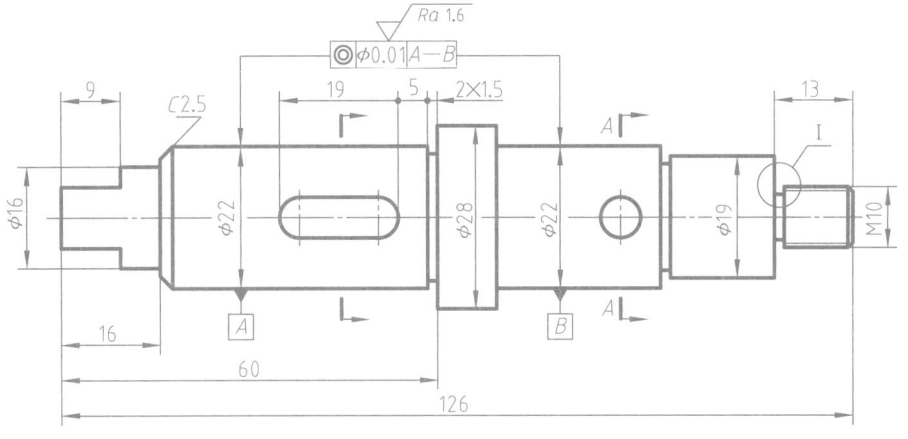

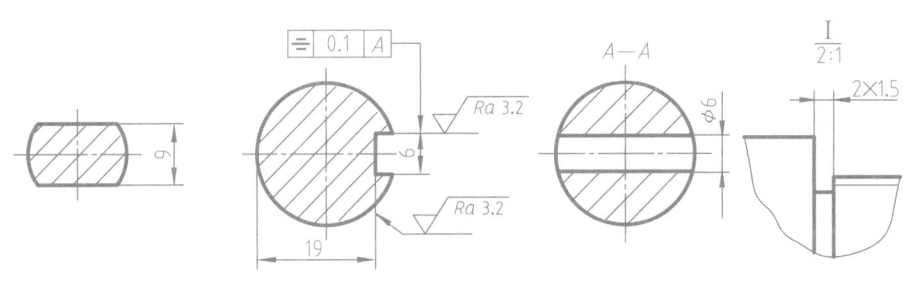

轴	比例	数量	材料	图号
	1:1	1	45	01
制图				
审核			（校名）	

（1）尺寸 M10 的含义是_____。

（2）图中局部放大图采用的绘图比例为_____。

（3）位于零件左方直径为 φ22 轴段上的键槽长度为_____，宽度为_____，定位尺寸为_____。

（4）图中所注尺寸 C2.5 表示倒角的角度为_____，宽度为_____。

（5）说明符号 ◎φ0.01 A—B 中表示几何公差的项目为_____，公差值为_____，两圆柱表面的粗糙度要求为_____。